职业教育食品类专业教材

咖啡制作

张 磊 吴 昊 主编

中国轻工业出版社

图书在版编目（CIP）数据

咖啡制作 / 张磊，吴昊主编. —北京：中国轻工业出版社，2024.3

ISBN 978-7-5184-4406-9

Ⅰ. ① 咖…　Ⅱ. ① 张…　② 吴…　Ⅲ. ① 咖啡—配制—中等专业学校—教材　Ⅳ. ① TS273

中国国家版本馆CIP数据核字（2023）第060846号

责任编辑：王宝瑶　　责任终审：高惠京　　设计制作：锋尚设计
策划编辑：张　靓　王宝瑶　　责任校对：朱　慧　朱燕春　　责任监印：张　可

出版发行：中国轻工业出版社（北京鲁谷东街5号，邮编：100040）
印　　刷：艺堂印刷（天津）有限公司
经　　销：各地新华书店
版　　次：2024年3月第1版第1次印刷
开　　本：787 × 1092　1/16　印张：7.75
字　　数：200千字
书　　号：ISBN 978-7-5184-4406-9　定价：39.00元
邮购电话：010-85119873
发行电话：010-85119832　010-85119912
网　　址：http://www.chlip.com.cn
Email：club@chlip.com.cn

221532J3X101ZBW

本书编写人员

主　编　张　磊　吴　昊

副主编　王超南

参　编　安凤楼　毛　懋　王　舒　王凯洁
　　　　王　薇　张旭升　曹炳剑　张彩霞

前 言

随着国民经济水平的提高和消费水平的进步，咖啡已经进入普通人的日常生活，成为不可或缺的饮品，咖啡师需要熟悉咖啡文化，掌握咖啡制作方法，并能通过产品制作和语言沟通为顾客提供更加专业的服务。

本教材包括制作意式咖啡、制作花式咖啡、制作单品咖啡、烘焙咖啡豆四个部分，第一部分为意式咖啡机的使用与保养、意式浓缩咖啡和以意式浓缩咖啡为基底的一系列咖啡的制作方法；第二部分为用拉花和雕花技法制作花式咖啡；第三部分为用手冲壶、虹吸壶制作单品咖啡；第四部分是介绍咖啡豆烘焙技术，以及烘豆机的使用和保养方法。

本教材以任务驱动学生系统了解咖啡制作的基础知识，通过完成工作任务实现学生技能的习得，使学生能够熟练进行咖啡的烘焙、研磨、调制等高水平的服务；一步一图，一课一评，并配有微课，适合中等职业院校食品加工专业学生使用；同时，通过完成任务可培养学生良好的职业道德、严谨的工作作风和务实的工作态度，为学生成为技术精湛的咖啡师奠定基础。

本教材由张磊、吴昊担任主编，王超南担任副主编，安凤楼、毛懋、王舒、王凯洁、王薇、张旭升、曹炳剑、张彩霞参与编写，特别感谢张鹏、张天亦、付思奇为本教材所做的大量工作。同时，本教材的编写得到了北京义利食品有限公司、中国轻工业出版社等的大力支持与帮助，在此表示诚挚感谢。

由于编者的学识和水平有限，书中难免存在不妥和疏漏之处，恳请读者提出宝贵意见。

编者

目 录

模块一

制作意式咖啡

任务1　制作意式浓缩咖啡（Espresso）

学习目标

知识目标

1. 了解意式浓缩咖啡（Espresso）的概念及历史。
2. 知道意式咖啡机、磨豆机和制作咖啡的常用工具的使用方法。
3. 熟知意式浓缩咖啡（Espresso）的制作流程。
4. 知道影响意式浓缩咖啡（Espresso）风味的因素。

能力目标

1. 能按照操作流程，准确控制萃取时间和萃取量，正确调整研磨度。
2. 能按照安全卫生操作流程，根据要求正确制作并出品一杯意式浓缩咖啡（Espresso）。
3. 能按照操作流程，正确清洁意式咖啡机及磨豆机。

素养目标

通过制作意式浓缩咖啡（Espresso），了解意式咖啡制作中用到的专业工具和设备，巩固基础知识，获得求知探索的学习能力。

建议学时

18学时

任务描述

作为所有意式咖啡的基底，意式浓缩咖啡（Espresso）的制作是所有咖啡师必须掌握的技能。一杯理想的意式浓缩咖啡（Espresso），各要素间需得取得平衡，口感鲜明，喝完后喉间感到甘醇而不苦涩。

本任务通过小组合作的方式完成，每组4人。通过制作意式浓缩咖啡（Espresso）加强基础知识的学习和巩固，制作过程严格遵守实训室安全操作守则，正确使用工具和设备，遵守卫生标准流程，团队协作完成。

知识链接

- 制作意式浓缩咖啡（Espresso）
  - 意式咖啡机
    - 意式咖啡机的标准
    - 意式咖啡机工作原理——高压萃取
    - 意式咖啡机的构造与功能
    - 意式咖啡机应急措施
  - 磨豆机
    - 磨豆机分类
    - 研磨度
    - 使用流程
    - 清洁步骤
  - 常用工具原料
    - 常用工具及主要用途
    - 常用清洁工具及主要用途
    - 意式浓缩咖啡的原料
  - 意式浓缩咖啡的起源与发展
  - 意式浓缩咖啡的标准
  - 制作意式浓缩咖啡的关键步骤
    - 调整研磨度
    - 研磨
    - 布粉
    - 压粉

一、意式咖啡机

1. 意式咖啡机的标准

（1）压力　无论是电子加压、活塞加压或是液态加压都必须达到8bar（1bar=100kPa）以上的加压功率。

（2）粉碗的容量　单份粉碗为7～10g，双份粉碗为14～20g。

（3）锅炉　水温控制在90.5～96.0℃（195～205℉），锅炉需要能够达到设定温度并保持稳定。

（4）材质品质　高温高压工作环境对锅炉和机件的材质要求较高，需能防止爆炸。

2. 意式咖啡机工作原理——高压萃取

意式咖啡机的工作原理是通过高温、高压的萃取方法在短时间内萃取出少量的高浓度咖啡液，见图1-1。

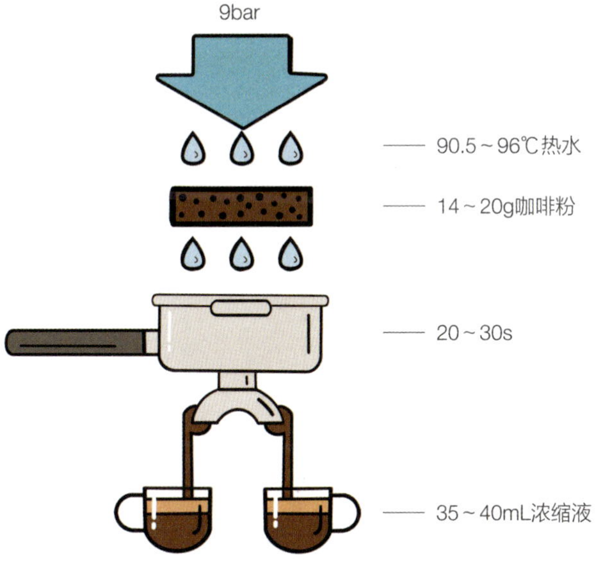

图1-1　意式咖啡机工作原理示意图

3. 意式咖啡机的构造与功能

一台半自动咖啡机的主要部件包含锅炉、冲煮头、手柄、蒸汽棒等，意式咖啡机按照内置锅炉的情况可分为单锅炉、双锅炉、多锅炉等，锅炉与水箱或进水口相连，为冲煮头和蒸汽管提供热水和高温蒸汽。粉碗一般与咖啡手柄结合在一起，通过卡扣装置卡在机器的冲煮头上。冲煮头释放热水，在高温高压（92℃、9bar）的萃取环境下，萃取出的浓缩咖啡液从粉碗下的小孔中流出。常见的意式咖啡机构造见图1-2。

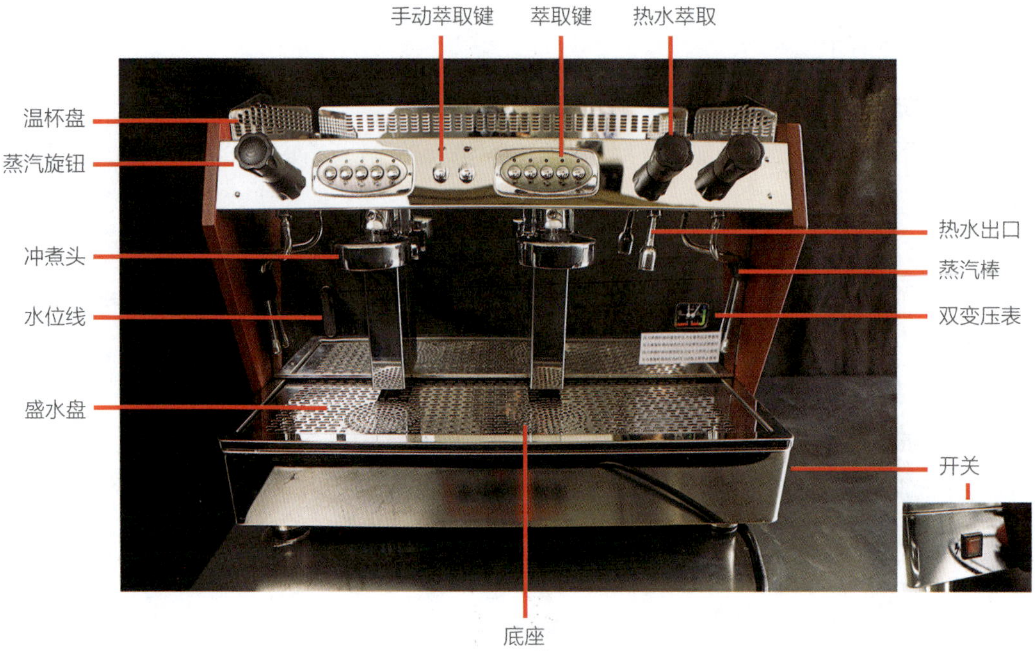

图1-2　常见的意式咖啡机

4. 意式咖啡机应急措施

（1）萃取时在咖啡手柄处如有外溢现象，立刻停止萃取，重新安装并锁紧咖啡手柄或者更换密封圈。

（2）蒸汽棒或冲煮头有“跑冒滴漏”现象时，将旋钮旋紧或及时报修。

（3）蒸汽或者咖啡液萃取温度若不达标，可停止萃取10min，如加热效果仍不达标需通知维修人员。

（4）发生烫伤时应立即用大量冷水冲洗伤处降温，再用干净纱布包裹伤处，请医务人员处理。

（5）注意事项

①缺水，水压不足时，应立即检查，同时禁用咖啡机。

②设备工作时金属部件和蒸汽棒喷嘴温度极高，需小心使用避免烫伤。

二、磨豆机

磨豆机可将烘焙好的咖啡豆研磨成细小的颗粒，充分释放咖啡的芳香和风味，不同磨豆机研磨出的咖啡粉状态不同，风味也有所差异。

1. 磨豆机分类

磨豆机根据动力方式不同，可分为手动和电动；根据研磨方式不同可分为螺旋桨式、平刀式、锥刀式，不同研磨方式的主要用途和优缺点见表1-1。

表1-1　不同研磨方式的主要用途及优缺点

研磨方式	主要用途	优点	缺点
螺旋桨式	小型家用磨豆机	操作简单，易于清洁	咖啡粉研磨不均匀、细致度不达标
平刀式	专业级磨豆机	研磨品质佳，拆装简便，易于清洁	易产生高温
锥刀式	入门级磨豆机	入口处不易囤积碎豆	咖啡粉研磨较不均匀，咖啡豆难以进入研磨空间，替换成本高

2. 研磨度

咖啡粉根据研磨度分为粗研磨、中研磨和细研磨等。研磨度对咖啡的风味影响很大，如果咖啡粉过细，冲煮时间过久，会造成萃取过度，咖啡风味过于浓苦失去芳香；反之，如果咖啡粉过粗，冲煮过快，粉末中水溶性物质未能充分溶解出来，会导致萃取不足，咖啡风味寡淡。

一般情况下，要根据咖啡器具和烘焙度的不同调整咖啡豆的研磨度，见表1-2。

表1-2　不同器具对咖啡豆研磨度的要求

研磨度	类似物举例	咖啡器具	烘焙度
极细研磨	面粉	意式咖啡机 摩卡壶 滴漏式器具	浅
细研磨	食盐	冷萃器具	↓
中细研磨	细砂糖	手冲器具、爱乐压 虹吸壶、聪明杯	↓
中研磨	砂糖	法兰绒滤布	↓
粗研磨	粗砂糖	法压壶	深

3. 磨豆机的使用流程

磨豆机的使用流程见图1-3。

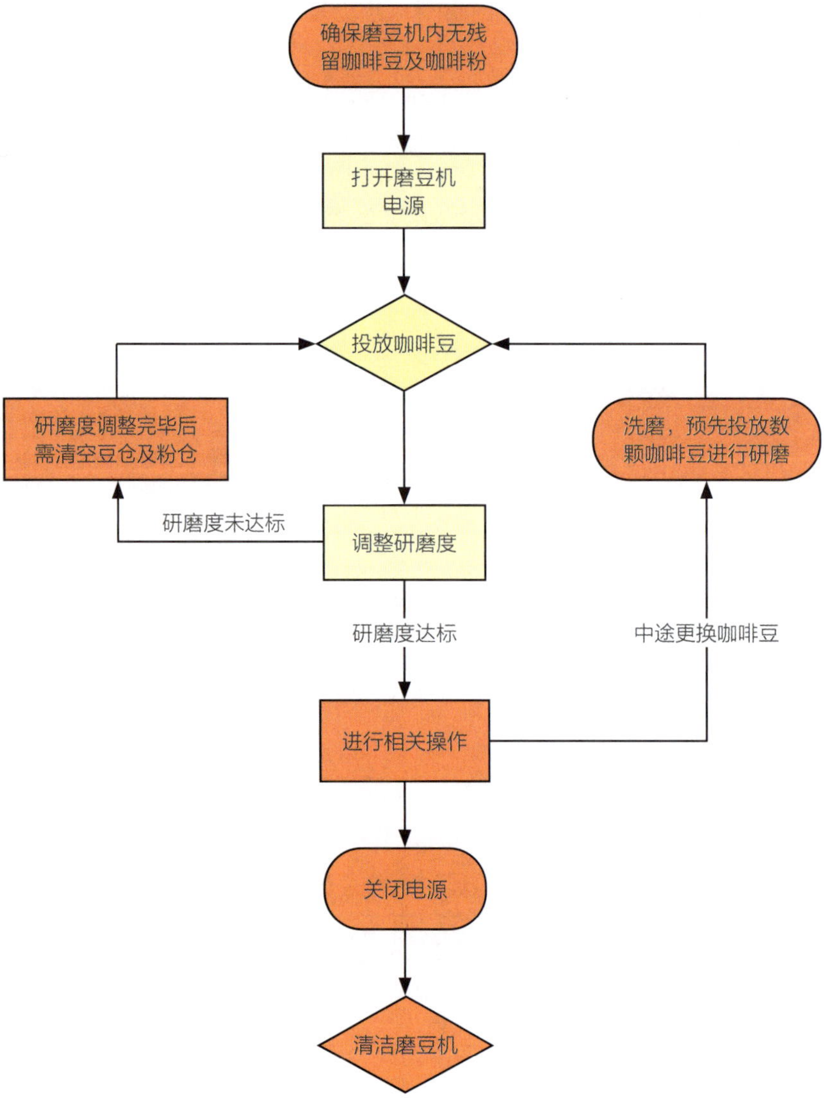

图1-3　磨豆机的使用流程

4. 磨豆机清洁步骤

（1）切断电源。

（2）取下豆仓，清理剩余咖啡豆并清洁豆仓。

（3）打开刀盘。

（4）用刷子清洁刀盘的刀纹。

（5）将剩余的咖啡粉渣从磨豆机里面移除。

三、常用工具原料

1. 制作意式咖啡的常用工具

制作意式咖啡常用工具及主要用途见表1-3。

表1-3　制作意式咖啡常用工具及主要用途

工具名称	实物图片	主要用途
（意式）咖啡手柄及粉碗		咖啡手柄与粉碗在使用前需提前组装好，主要用于装入研磨好的咖啡粉，并旋入配套的咖啡机蒸煮口，萃取意式浓缩咖啡（Espresso）
粉锤		粉锤是咖啡手柄装入研磨好的咖啡粉后进行夯压操作的工具
奶缸（拉花缸）		奶缸是装入牛奶后利用咖啡机的蒸汽棒进行加热牛奶（加热巧克力）和打发奶沫的工具
布粉器		布粉器是咖啡手柄装入研磨好的咖啡粉后进行布粉操作的工具
电子秤		电子秤主要用于称量咖啡豆及意式浓缩咖啡（Espresso）质量（重量）

续表

工具名称	实物图片	主要用途
小毛刷		小毛刷主要用于清洁粉碗及咖啡手柄边缘残留的咖啡粉，以保护咖啡机冲煮头
拉花针	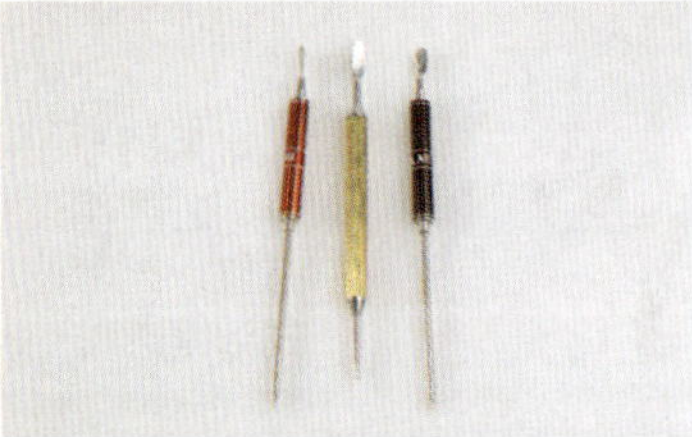	拉花针也称为雕花棒，主要用于雕花咖啡的制作
撒粉器		撒粉器是在咖啡上撒肉桂粉或巧克力粉时使用的工具
浓缩咖啡杯（Shot杯）	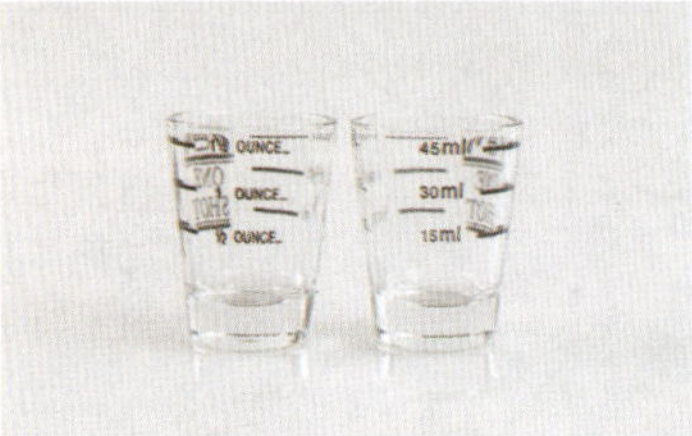	Shot杯是用于盛放萃取完毕的意式浓缩咖啡（Espresso）的容器；有单份杯及双份杯两种
咖啡勺		咖啡勺用于咖啡搅拌，咖啡在出品时均需要配咖啡勺； 出品时需将咖啡杯和咖啡勺放置在咖啡碟上，并配有餐巾纸
咖啡杯		咖啡杯是用于盛放制作完毕的拿铁咖啡、卡布奇诺咖啡、摩卡咖啡或拉花咖啡等的容器
咖啡碟		咖啡杯需放置在咖啡碟上，咖啡在出品时均需要配咖啡碟与餐巾纸

续表

工具名称	实物图片	主要用途
三色抹布		一般配白色、棕色及蓝色3种颜色的抹布，白色抹布用于擦拭蒸汽棒；棕色抹布用于擦拭粉碗；蓝色抹布用于擦拭桌面及盛水盘

2. 清洁咖啡机与磨豆机的常用工具

咖啡机与磨豆机常用清洁工具及主要用途见表1-4。

表1-4　咖啡机与磨豆机常用清洁工具及主要用途

工具名称	实物图片	主要用途
冲煮头毛刷	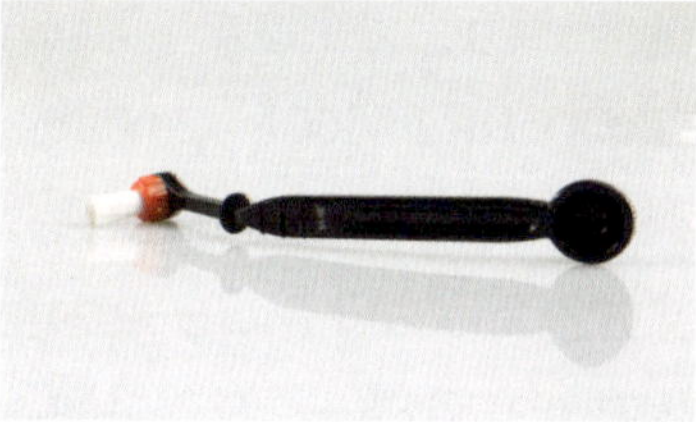	冲煮头毛刷的勺柄用于取出咖啡机清洁粉，毛刷部分用于清洁咖啡机冲煮头
盲眼粉碗		盲眼粉碗与咖啡手柄组装后，用于盛放咖啡机清洁粉
咖啡机清洁粉	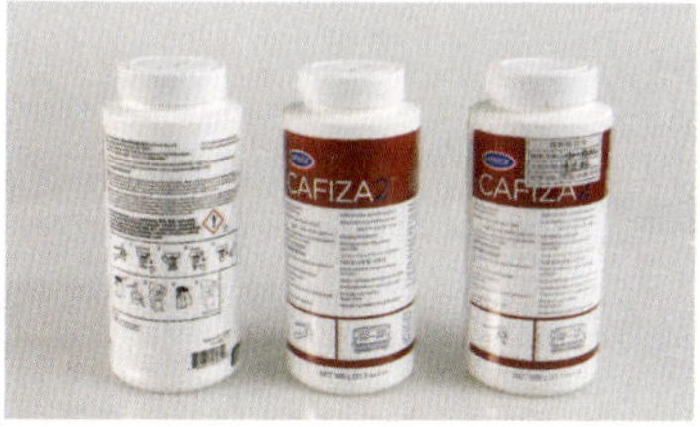	咖啡机清洁粉用于清洁咖啡机冲煮头
毛刷		毛刷用于清洁磨豆机刀盘及粉仓

3. 意式浓缩咖啡（Espresso）的原料

常见的制作意式咖啡的咖啡豆一般有两种：意式拼配豆与单一产区意式浓缩咖啡豆（Single original espresso，SOE）。

（1）意式拼配豆　意式拼配豆由至少两种咖啡豆拼配而成。烘焙师通过多种咖啡豆的组合搭配，可以创造出统一、和谐的风味基调。因此虽然拼配豆很难突出强调某款豆子的独特风味，但可以营造出一致性高、稳定、顺滑且均衡的整体风味。为了保证风味的一致性和稳定性，拼配豆的烘焙度往往较深，搭配牛奶制作奶咖的口感也更为浓郁顺滑。

咖啡豆的拼配分为两种：①烘焙前拼配，先将几种不同产区或处理法的咖啡豆按照一定比例拼配，再进行统一烘焙，侧重于单一风味表现；②烘焙后拼配，将几种不同产区或烘焙度的咖啡豆按照各自不同的烘焙曲线烘焙好后，按照一定的比例将这些咖啡豆拼配到一起，侧重于多种风味的表现。

（2）单一产区意式浓缩咖啡豆（SOE）　SOE是仅来自单一产区的咖啡豆，因此SOE往往偏向于展现不同咖啡豆的独特风味，加上浓缩咖啡在意式咖啡机高压的作用下会把咖啡豆原本的味道放大，所以风味表现相对于手冲会更加突出，同时缺点也相对容易被放大，对于SOE，烘焙度、颗粒粗细等因素对风味影响很大。为了追求不同咖啡豆的独特风味体验，SOE的烘焙度不会很深，也更适合制作黑咖啡。

四、意式浓缩咖啡（Espresso）的起源与发展

意式浓缩咖啡（Espresso）的诞生时间是1946年，由意大利人发明，是意大利、西班牙和葡萄牙等南欧国家长期饮用的一种咖啡饮料。为了把这种特殊的咖啡与其他咖啡区分开，人们称其为：意式浓缩咖啡（Espresso）。

图1-4　意式浓缩咖啡（Espresso）

意式浓缩咖啡（Espresso）主要的特征是表面漂浮一层浓厚金黄的咖啡油脂泡沫（Crema），见图1-4。

意式浓缩咖啡（Espresso）口感香浓，全球的咖啡专家公认正统的喝法是在咖啡制作完成时一口喝掉，充分享受其香浓口感，“意式浓缩咖啡（Espresso）”被称为咖啡之魂。

五、意式浓缩咖啡的标准

世界咖啡师大赛（World barista championship，WBC）中规定，意式浓缩咖啡（Espresso）需要满足以下几个条件。

（1）一份意式浓缩咖啡（Espresso）的分量是1盎司（Ounce）[1盎司≈28.35g，含油

脂（Crema）在内为25～35mL］。

（2）一份意式浓缩咖啡（Espresso）由数克咖啡粉萃取得到（具体的克数视咖啡及研磨度而定）。

一般单份的意式浓缩咖啡（Espresso）粉量在7～10g，双份是14～20g，具体用量可根据粉碗的最大容粉量和制作配方而定。

（3）萃取所用的水温在90.5～96.0℃（195～205℉）。

（4）意式咖啡机的萃取压强在8.5～9.5bar。

（5）咖啡萃取时间最好在20～30s。

（6）同一款饮品所用的意式浓缩咖啡，其萃取时间之差必须控制在3.0s以内。

（7）意式浓缩咖啡（Espresso）应盛放在一只容量为60～90mL（2～3盎司）、带一只杯耳的咖啡杯中。

（8）意式浓缩咖啡（Espresso）给裁判品尝时，必须搭配咖啡勺、咖啡碟、纸巾和水。

六、制作意式浓缩咖啡的关键步骤

1. 调整研磨度

用半自动意式咖啡机制作意式浓缩咖啡（Espresso）前，需调节研磨度达到萃取标准状态，以保证每一杯意式浓缩咖啡（Espresso）的完美，调节研磨度是每一位咖啡师的基本技能。适宜的研磨度不是一成不变的，需根据咖啡豆品种、烘焙度、气候和温湿度进行调整。

2. 研磨

研磨是将咖啡豆颗粒撕裂的过程，其目的是让咖啡固体和萃取液体的接触面增大。

优质的意式浓缩咖啡（Espresso）需要极细研磨，原因如下。

（1）增大颗粒表面积区域，为快速地从颗粒表层中冲刷出大量固体物质提供先决条件。

（2）切开更多的咖啡豆细胞，使更多的大分子可溶解物和胶质物被萃出。

（3）让水流以更短的平均路径进入咖啡豆细胞，加速浸湿（并扩散），从细胞中带出可溶解物。

（4）颗粒越小，表面积越大，使它们能够聚集得越紧密，在水流能够穿过粉床的前提下提供必要的水流阻力。

3. 布粉

布粉的目的是在咖啡粉研磨好之后让粉碗内的咖啡粉分布均匀，使后续能进行均匀萃取。布粉通常有两种方式：用手指布粉和用布粉器布粉。

（1）用手指布粉

①四方布粉法：将手掌向前，倾斜30°～45°，放松伸直，用食指相对最平坦的部位接触咖啡粉堆，然后前后左右平缓推动表面粉层，让咖啡粉均匀地填满粉碗。动作要领简单，

最易掌握，是常用的布粉方式，如图1-5所示。

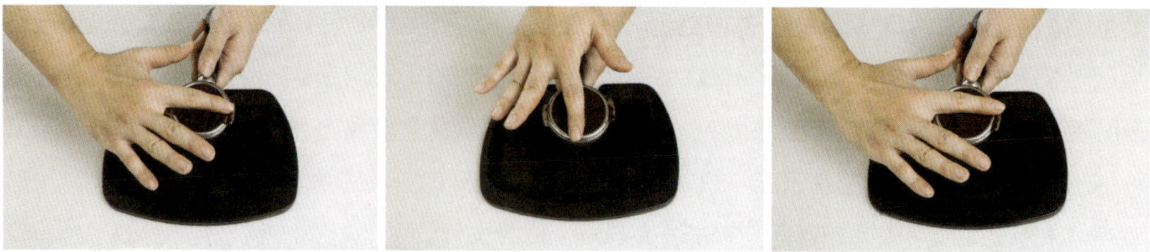

图1-5　四方布粉法

②旋转布粉法：操作类似四方布粉法，但是将直线推动粉堆的动作，以双手协作旋转取代，推动粉堆在粉碗中转动，最后完成布粉。旋转布粉法需要双手协调和动作准确，优点是可以让粉堆更紧实地覆盖粉碗的边缘，如图1-6所示。实际操作时，可优先使用四方布粉法，再用旋转布粉法的组合动作，得到均匀的布粉结果。

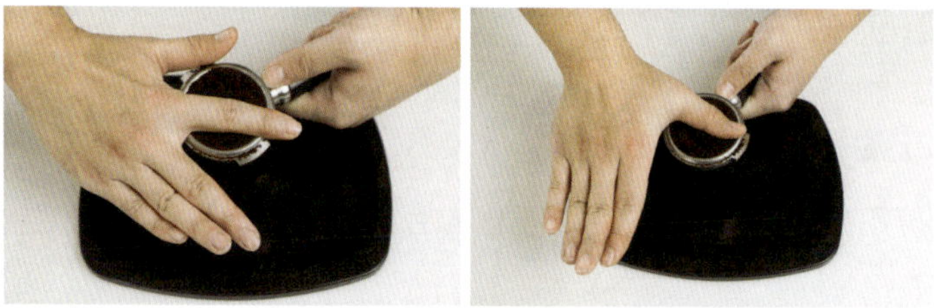

图1-6　旋转布粉法

③上下轻磕法：接粉完成后，先在手柄支架上轻轻往下磕一到两次手柄，使粉碗中的粉堆更加密实，这是一种布粉前的辅助动作。这种方式能使咖啡粉堆更加密实，也有助于增加粉碗中可以容纳的粉量。轻磕手柄时一定注意要直上直下，并且每一次操作时力度和次数都要保持一致，避免造成额外的变量，给萃取结果的评估带来干扰。

④拍击布粉法：手掌快速轻拍手柄底部，将粉堆摇晃均匀。动作要领是轻柔密集，过大的拍击力度会使粉堆内部产生裂缝，萃取时就会出现水通道。这种布粉方式不容易掌握，对磨豆机出粉的均匀度和咖啡师的手法都有很高要求。

⑤刮粉收尾法：如布粉结束，仍有一些多余的粉无法铺平，可以使用刮板等工具或直接用手指将多余的粉去掉，同时把粉堆表面刮平。刮去的粉丢掉会造成浪费，倒回粉仓保留会散失香气。所以刮粉法是尽量避免使用的手段，更推荐使用可以保证准确出粉量的定量磨豆机，或者加强训练提高咖啡师接粉时的目测准确度。

不同布粉法的优缺点，如表1-5所示。

表1-5　不同布粉法的优缺点

布粉方式	优点	缺点
四方布粉法	动作简单、最易掌握	粉碗下层及边缘的咖啡粉依然分布不均
旋转布粉法	粉堆更紧实地覆盖粉碗的边缘	粉碗下层的咖啡粉分布不均
上下轻磕法	上下层的咖啡粉密度接近平均	如力度与次数无法一致，易导致变量产生
拍击布粉法	能够保持清洁，上下层的咖啡粉密度接近平均	需与上下轻磕法配合使用，即拍击轻磕法
刮粉收尾法	简洁、快速	容易造成浪费，易造成咖啡品质下降

（2）用布粉器布粉

①桨状布粉器（图1-7）：只需将布粉器在粉碗上转动即可。

②漏斗布粉器（图1-8）：把漏斗架在粉碗上辅助接粉，然后绕圈摇动将粉堆晃平。推荐使用定量磨豆机时配合这一方法。

图1-7　桨状布粉器

图1-8　漏斗布粉器

器具比手指布粉更加稳定，刻度确定后，即使是不同咖啡师操作或者同一个人操作多次也可以轻松达到稳定的布粉效果。咖啡师在保障质量的同时，使用布粉器可以提升出品效率。

4. 压粉

压粉是将布粉后的咖啡粉锁定，使粉床表层平整结构紧密，缩小粉床中颗粒间的孔隙。与研磨度一样，压粉的力度也不是一成不变的，要根据咖啡和环境的状态进行微调。咖啡的研磨度越细，压粉的力度要越轻；反之研磨越粗，压粉的力度也要越加重。

任务实施

一、查阅资料完成题目

阅读意式浓缩咖啡（Espresso）制作的相关知识和方法的资料并完成下列题目。

1. 选出正确答案：在咖啡制作中，咖啡粉布粉最好采用哪种方法（　　）。

A. 旋转布粉法　　　　B. 上下轻磕法与拍击布粉法配合使用

C. 四方布粉法　　　　D. 刮粉收尾法

2. 选出正确答案：在世界咖啡师大赛（WBC）比赛标准中意式咖啡机萃取压强是（　　）。

A. 8.5～9.5bar　　　　B. 10～12bar

C. 7～8bar　　　　D. 10～15bar

3. 根据意式咖啡机清洁步骤，为下列内容排序。

①将手柄旋入冲煮头，按控制面板上的出水按钮，出水10s后停止，并静置5s，反复循环3～4次。

②将盲眼粉碗与咖啡手柄组装，放入3勺咖啡清洁粉。

③关闭咖啡机电源并释放蒸汽。

④用冲煮头毛刷清洁冲煮头。

⑤清洗咖啡手柄、粉碗及盛水盘。

正确顺序：____________________。

二、生产实施

1. 掌握制作流程

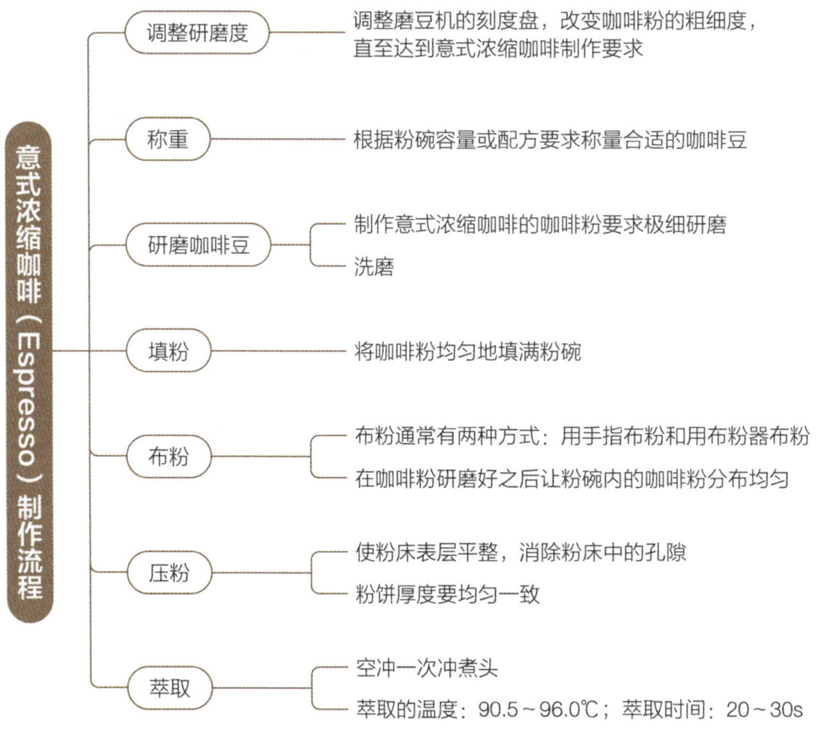

制作意式浓缩咖啡微课

2. 调整研磨度与意式浓缩咖啡（Espresso）的制作

配图	制作方法	制作说明
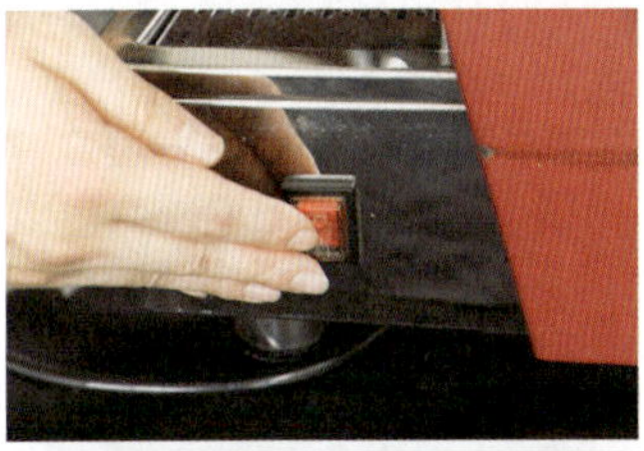  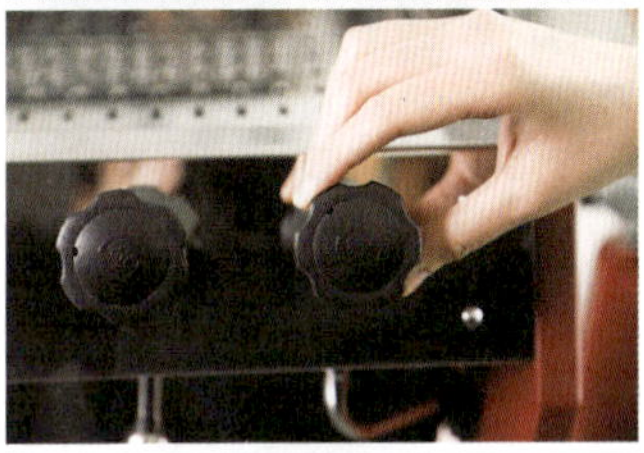	（1）准备工作 ①检查电源与净水器是否运转正常，检查蒸汽阀门是否关闭； ②开电源，预热设备； ③检查水位表、压力表数值是否正常； ④打开蒸汽阀门，检查咖啡机是否运行正常	拼配豆必须配出意式浓缩咖啡（Espresso）所需的甜味、香味及醇厚度，还要保证使用新鲜的咖啡豆
	（2）称重：根据粉碗容量或配方称取适量的咖啡豆	单份的意式浓缩咖啡（Espresso）咖啡粉量在7~10g，双份是14~20g，具体用量根据粉碗的最大容粉量和咖啡店的配方而定
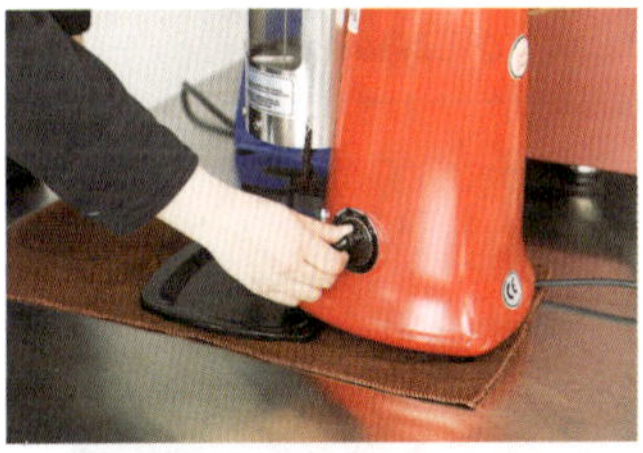	（3）研磨：将称重完毕的咖啡豆倒入磨豆机中进行研磨	尽量避免磨盘发热影响咖啡风味，气候、咖啡豆烘焙度、新鲜度、温湿度、磨豆机的新旧程度等因素，都会影响咖啡豆的研磨粗细程度
	（4）填粉 ①把手柄从意式咖啡机上取下； ②敲掉已使用过的粉饼； ③用干抹布将粉碗内部擦干，假如粉碗边缘残留有水分，会使粉床的边缘产生通道； ④确认粉碗的每一个滤孔都已经清空；	（1）填饼法：把粉床分为多个小块，在填粉时，对准粉碗，分别填满每一小块，通过移动把手填充相邻的下一块，移动、填充，依此顺序重复；

配图	制作方法	制作说明
	⑤启动磨豆机，如果磨豆机研磨速度很慢，需要在第一步就启动磨豆机； ⑥反复用手柄画圈，使咖啡粉尽可能均匀地填满粉碗，如果某一个区域落进去的粉比另一个区域多，粉较多的这个区域就会更紧实，即便是修整后也一样； ⑦磨出适量的咖啡粉之后，关闭磨豆机； ⑧当粉碗中的粉已经达到预期量之后就停止填粉	（2）分层法：接粉时让少量咖啡粉从粉碗边缘撒出，同时不断用手柄画圈，形成一层浅浅的、均匀的咖啡粉层；重复此动作，在第一层上构建第二层；持续加层，直到粉碗中的粉量达到预期目标
 	（5）布粉：称重完毕后使用拍击轻磕法进行布粉，或使用布粉器布粉	必须将咖啡粉平均分布在手柄的粉碗中
 粉锤的抓握姿势 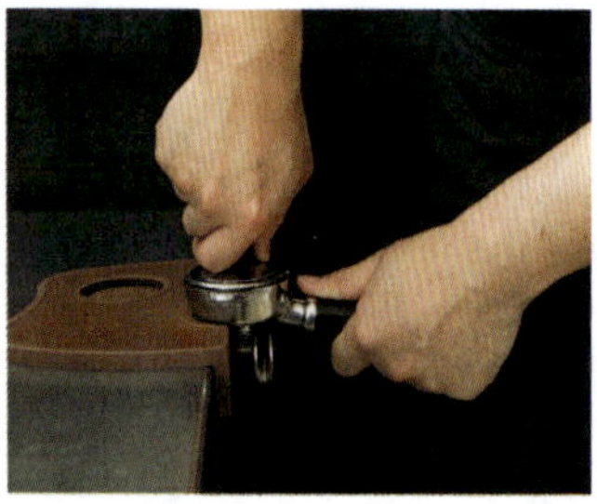	（6）夯压 ①压粉前用手轻轻地握住粉锤，调整粉锤的把手，手腕摆直，将粉锤把手底部置于掌心； ②将粉锤保持水平状态，以147N（15kg × 9.8N/kg）的力量从肘部通过骨骼结构直线传递到压粉器，压粉后旋转，目的是让粉面光滑平整，尽量使得整个粉饼厚度均匀一致，绝不能二次压粉； ③擦拭粉碗的边缘去除余粉	要求夯压完毕后咖啡粉饼表面平整均匀无裂痕

配图	制作方法	制作说明
 	（7）萃取：萃取的同时对咖啡液进行称重，一份意式浓缩咖啡（Espresso）含油脂为25～35mL ①按压萃取键，空冲一次冲煮头，冲洗冲煮头去除上次萃取留下的残粉； ②把手柄扣在冲煮头上并旋转拧紧，保证粉碗与冲煮头紧密贴合； ③按下萃取按键，萃取咖啡液，一般在20～35s； ④关闭按键，取下手柄	确保水温和水压达到标准
	（8）记录制作时间：从按下咖啡机萃取开关的那一刻起，就应该同步按下计时器，记录至萃取停止关闭开关，正常萃取的时间应该在20～35s	意式浓缩咖啡（Espresso）的萃取时间规定在20～30s，但萃取时间其实是填压、粉量和研磨度的综合表现，需要根据咖啡师对于Espresso的理解进行调节
	（9）根据制作结果调整磨豆机刻度盘，如萃取时间过短，则逆时针调整刻度盘；如萃取时间过长，则顺时针调整刻度盘，每次调整2个细刻度并重复以上步骤直至达到萃取要求，刻度盘具体调整方向需根据磨豆机相关说明书指示调整	
	产品制作流程：称重——研磨——填粉——布粉——夯压——萃取	与调整研磨度时操作方法相同

3. 意式咖啡机与磨豆机的清洁

配图	制作方法	制作说明
	（1）意式咖啡机清洁与保养 ①组装盲眼粉碗与咖啡手柄，放入3勺咖啡清洁粉； ②将手柄旋入冲煮头，按控制面板上的出水按钮，出水10s后停止，并静置5s，反复循环3～4次；	

配图	制作方法	制作说明
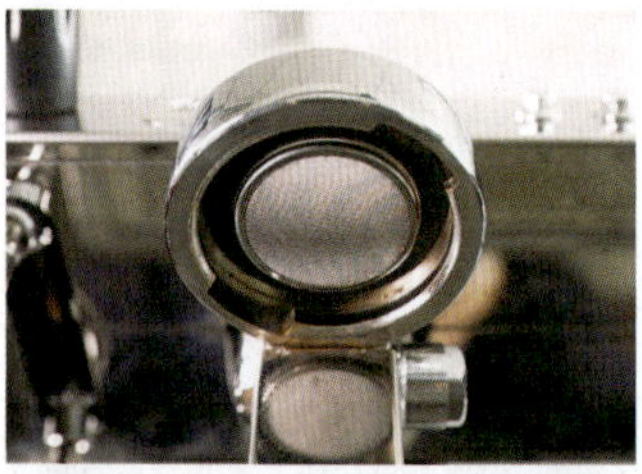	③用专用毛刷清洁冲煮头； ④清洗咖啡手柄、粉碗及盛水盘； ⑤关闭咖啡机电源并释放蒸汽	
	（2）磨豆机清洁 ①切断电源； ②取下豆仓，清理剩余咖啡豆并清洁豆仓； ③打开刀盘； ④用刷子清扫刀盘的刀纹； ⑤将剩余的咖啡粉渣从磨豆机里面移除	

评价考核

制作意式浓缩咖啡专业能力评价

学生姓名：__________ 组别：__________ 日期：__________

评价方式	评价环节	评价项目	评价内容	评价要素	不计分	不及格	及格	良	优
学生自评（10%）	课前评价（10%）	基础知识（10分）	自主学习	通过查找资料了解相关知识（5分）	0	1.5	3.0	4.0	5.0
				完成任务中的题目（5分）	0	1.5	3.0	4.0	5.0
组间评价（20%）	课中评价（20%）	称重（5分）	操作过程	手柄无污渍；称粉时有清零操作；称粉质量准确（5分）	0	1.5	3.0	4.0	5.0
		压粉布粉（5分）		布粉操作准确；压粉动作标准；压粉后粉饼水平无裂缝（5分）	0	1.5	3.0	4.0	5.0
		萃取（5分）		有放水操作；萃取时间20～30s；萃取量在25～30mL（5分）	0	1.5	3.0	4.0	5.0
		产品呈现（5分）		产品表层有金黄色咖啡油脂且油脂厚重，至少3mm厚；液体总体积在30mL左右；口感浓郁醇香；产品码放干净、清爽（5分）	0	1.5	3.0	4.0	5.0

续表

评价方式	评价环节	评价项目	评价内容	评价要素	不计分	不及格	及格	良	优
教师评价（70%）	课中评价（55%）	称重（5分）	操作过程	1. 手柄无污渍（1分）	0	0.2	0.5	0.8	1.0
				2. 称粉时有清零操作（1分）	0	0.2	0.5	0.8	1.0
				3. 称粉质量准确（2分）	0	0.4	1.0	1.6	2.0
				4. 注意操作卫生与安全（1分）	0	0.2	0.5	0.8	1.0
		压粉布粉（15分）		1. 布粉操作准确（6分）	0	2.0	3.0	4.0	6.0
				2. 压粉动作标准（3分）	0	1.0	1.5	2.0	3.0
				3. 压粉后粉饼水平无裂缝（3分）	0	1.0	1.5	2.0	3.0
				4. 注意操作卫生与安全（3分）	0	1.0	1.5	2.0	3.0
		萃取（20分）		1. 有放水操作（2分）	0	0.5	1.0	1.5	2.0
				2. 萃取时间20～30s（8分）	0	2.0	4.0	6.0	8.0
				3. 萃取量在25～30mL（8分）	0	2.0	4.0	6.0	8.0
				4. 注意操作卫生与安全（2分）	0	0.5	1.0	1.5	2.0
		产品呈现（5分）	产品展示	1. 表层有金黄色咖啡油脂（1分）	0	0.2	0.5	0.8	1.0
				2. 油脂厚重，至少3mm厚（1分）	0	0.2	0.5	0.8	1.0
				3. 液体总体积在30mL左右（1分）	0	0.2	0.5	0.8	1.0
				4. 口感浓郁醇香（1分）	0	0.2	0.5	0.8	1.0
				5. 产品码放干净、清爽（1分）	0	0.2	0.5	0.8	1.0
		学习能力（10分）	探究归纳	1. 探究错误原因（3分） 2. 举一反三，具有知识迁移能力（3分） 3. 总结问题及重难点的解决办法（4分）	0	2.0	6.0	8.0	10.0
	课后评价（15%）	巩固迁移能力（15分）	总结归纳	能够完成教师布置的作业（15分）	0	4.0	8.0	12.0	15.0
总分									

注：①总分＜60为不及格；60≤总分＜75为及格；75≤总分＜85为良；总分≥85为优。
②每个评分项目里，一旦出现安全问题、不出品则为0分。

巩固反馈

1. 在下方填出制作意式咖啡的常用工具及其主要用途。

工具名称	主要用途
	制作意式咖啡的重要工具之一，咖啡手柄装入研磨好的咖啡粉后进行夯压操作的工具
浓缩咖啡杯（Shot杯）	
	用于咖啡搅拌，咖啡在出品时均需要配咖啡勺，出品时需将咖啡杯和咖啡勺放置在咖啡碟上，并配有餐巾纸
三色抹布	

2. 根据所学完成填空：根据WBC的相关要求，一杯意式浓缩咖啡需要满足以下条件，分量是__________，萃取所用的水温介于________℃，意式咖啡机的萃取压强在________bar，咖啡萃取时间最好在________s。
3. 请计算本任务操作过程中咖啡粉与咖啡液的粉水比。

4. 选出正确答案：由两种咖啡豆混合而成的咖啡称（　　）豆。

   A. 单品　　B. 拼配　　C. 多品　　D. 速溶
5. 判断正误：不同的烘焙程度会带来不同的风味，烘焙度的深浅还主导了咖啡的苦和酸，烘焙得越深，酸味就越低，苦味也越加明显。（　　）

任务 2　制作拿铁咖啡

学习目标

知识目标

1. 知道制作拿铁咖啡所需工具的使用方法。
2. 了解拿铁咖啡的概念及历史。
3. 熟知奶泡打发的流程。
4. 了解影响拿铁咖啡风味的因素。

能力目标

1. 能按照操作流程，准确控制萃取时间和萃取量，正确调整研磨度。
2. 能按照安全卫生操作流程，根据要求正确制作并出品拿铁咖啡。
3. 能够按照正确操作步骤，对咖啡机和磨豆机进行定期清洁保养。

素养目标

通过制作拿铁咖啡，了解意式咖啡中奶泡打发需用到的专业工具和设备，巩固基础知识，获得求知探索的学习能力。

建议学时

12学时

任务描述

拿铁咖啡属于意式咖啡的一种。在西方，人们将用奶泡绘制图案的咖啡制作方式称作“Latte Art”，即咖啡拉花艺术。而意大利语“Caffe Latte”，意为“咖啡+牛奶”。

本任务通过小组合作的方式完成，每组4人。通过制作拿铁咖啡加强基础知识的学习和巩固。制作过程严格遵守实训室安全操作守则，正确使用工具和设备，遵守卫生标准流程，团队协作完成。

知识链接

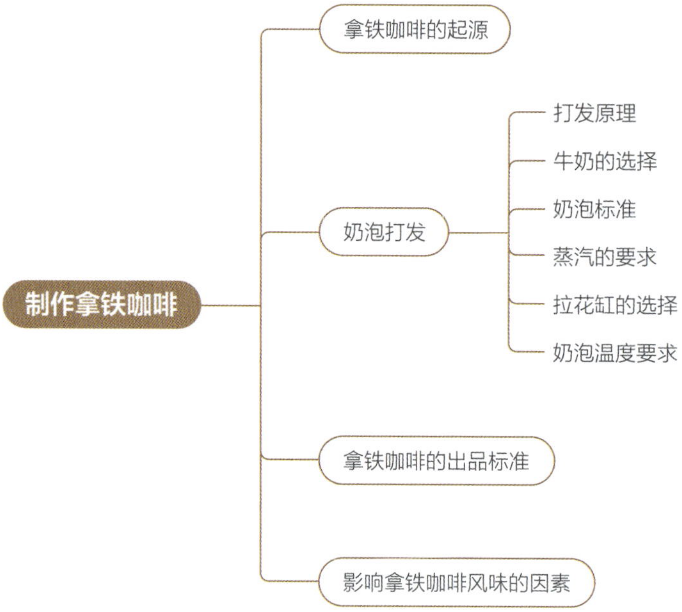

一、拿铁咖啡的起源

1683年，土耳其军队第二次进攻维也纳，当时的维也纳皇帝奥波德一世与波兰国王奥古斯都二世结成同盟。奥斯曼帝国在波兰和维也纳军队的夹击下被击败，逃走时留下了500袋咖啡豆。但当时伊斯兰国家严格把控咖啡豆出口，只有曾在土耳其游历的维也纳人柯其斯基知道这是一种神奇的饮料。于是，他利用这些战利品开设了维也纳的首家咖啡馆——蓝瓶子（Blue Bottle）。但欧洲人并不习惯伊斯兰国家喝咖啡的方式，即将咖啡渣一并喝下，于是柯其斯基改变了配方，过滤掉咖啡渣，并加入大量牛奶——这就是如今常见的拿铁咖啡的雏形。“拿铁”是意大利文“Latte”的音译，原意为牛奶。

二、奶泡打发

（一）打发原理

通过向牛奶内注入空气，增大牛奶液体与空气的接触面积，从而使尽量多的空气被包裹在蛋白质支撑的脂肪球结构中，形成一个泡沫空间结构，这个“泡沫空间”即我们所看到的奶泡。因此，在奶泡打发过程中，脂肪球及蛋白质分子的结构是形成奶泡的关键。

（二）牛奶的选择

打发奶泡时，牛奶的选择至关重要，主要考察其脂肪含量及温度是否到达最适宜打发的程度。目前市面上主要有3种牛奶，分别为全脂牛奶、鲜牛奶及脱脂牛奶。此3种类型牛奶的脂肪含量为全脂牛奶>鲜牛奶>脱脂牛奶。打发奶泡时所用牛奶脂肪含量在3.5%～4%，因此如果想要得到完美的奶泡，需选用全脂牛奶。

当奶泡温度超过70℃时，牛奶中的蛋白质和脂肪发生化学变化，奶泡因温度过烫而粗糙，因此，打发奶泡的终点是温度决定的，以70℃以下不烫手为终点。

牛奶最好冷藏在冰箱中，温度保持在5℃左右，因为打奶泡的起点温度越低，可以操作的时间越长，就可以打发得越细腻。

（三）奶泡标准

优质的奶泡表面要光滑反光无明显可见的气泡，内部有均匀绵密的细小气泡，奶泡温度150～160℉（65.6～71.1℃），具体标准见表1-6。

表1-6　奶泡标准

奶泡标准	图片实例	描述
1级：优秀奶泡		奶泡细腻有光泽、湿润、无气泡
2级：较好奶泡		奶泡细腻、湿润、有少量小气泡（直径＜0.5mm）
3级：可接受奶泡		奶泡光滑、湿润，有较多小气泡（直径＜1mm）和较少大气泡（直径1～2mm）

续表

奶泡标准	图片实例	描述
4级：不可接受奶泡		有较多大气泡（直径＞1mm），且奶泡干燥
5级：粗糙奶泡		大量大气泡（直径＞1mm），无流动性

（四）蒸汽的要求

使用意式咖啡机产生的蒸汽来打发奶泡是最为常用的方法，蒸汽的压力和温度是打发奶泡的重要影响因素。

1. 蒸汽喷嘴的选择

蒸汽喷嘴上蒸汽孔数量不影响奶泡的打发。现在市面上常见的意式咖啡机蒸汽孔多为4孔或3孔，如图1-9所示。

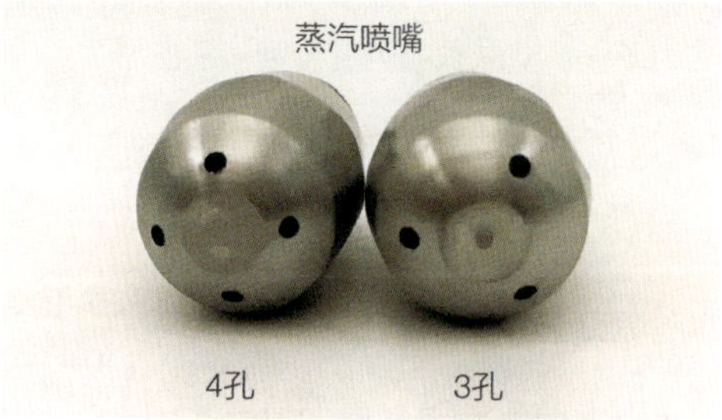

图1-9　蒸汽喷嘴

2. 蒸汽量稳定

应以持续稳定的蒸汽量打发奶泡，不稳定的蒸汽会导致奶泡粗糙、不细腻。

3. 蒸汽量大小适中

蒸汽量并非越大越好，过大的蒸汽量会导致牛奶升温过快、旋转幅度过大从而溢出奶缸、出现奶泡较粗等问题；过小的蒸汽量则会造成奶泡稀薄、降低咖啡出品效率等问题。

4. 蒸汽干燥

蒸汽干燥即蒸汽中无小水珠。蒸汽是否干燥对最后咖啡成品的风味会有很大的影响，蒸汽如果不够干燥，会造成奶泡中含有大量水分，影响咖啡口感及风味。

（五）拉花缸的选择

咖啡拉花缸是咖啡师在制作咖啡拉花时必不可少的重要工具。现在市场上有多种拉花缸品牌，有不同材质、容量、嘴型、质量（克重）、沟槽等。

1. 材质

选择高质量不锈钢材质的拉花缸，可以保证用蒸汽加热后的牛奶温度的一致性，牛奶的打发温度也更容易被及时感知。避免选择内部喷涂油漆的拉花缸，防止内部涂层脱落造成食品安全问题。

2. 嘴型

咖啡拉花缸的嘴形分为圆嘴和尖嘴。圆嘴适合大流量注入，在咖啡拉花中适用于制作简单图案如爱心。尖嘴注入量小，在咖啡拉花中适合较复杂的图案。

3. 容量

拉花缸有350mL、600mL、1000mL和1500mL等多种容量，如图1-10所示。

350mL的拉花缸，用途是制作200mL内的小杯型咖啡，拉花缸缸身小，打发的奶沫融合度高（均匀混合，整体统一），所以350mL的拉花缸还可以用来打发牛奶。

600mL（750mL）的拉花缸，一般用来制作比较复杂的拉花图案，像组合图案或压纹图案等。此容量的拉花缸多用于咖啡馆常见的80～400mL的杯型。

1000mL的拉花缸，一般用于制作两杯300mL左右的牛奶咖啡。在咖啡馆订单多的情况下可以为咖啡师节省很多时间。

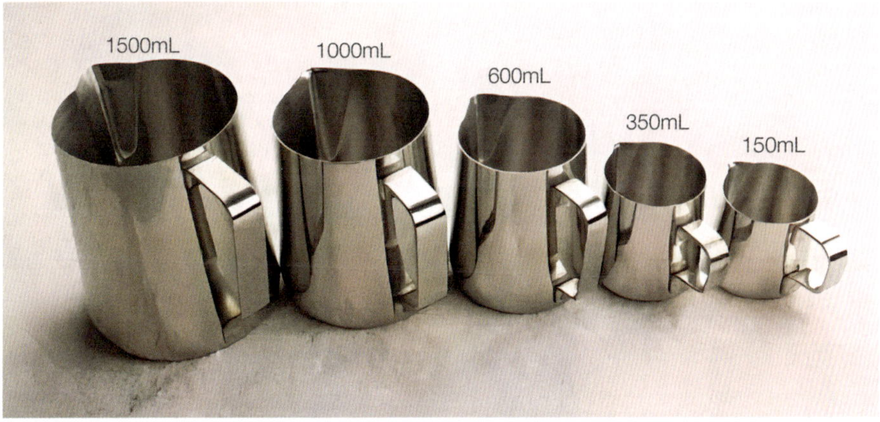

图1-10　拉花缸容量大小对比

4. 质量

拉花缸的质量影响到手部摆动频率、惯性的控制，轻量化拉花缸更易控制摆动频率和奶沫的收放惯性。 而重一点的拉花缸一般缸身较厚，会影响咖啡师感受奶泡的温度，容易造成职业劳损。

5. 导流区（导流沟槽）

导流区是拉花缸缸体突出部分的凹槽，该部分的长短会对奶泡产生影响。导流区短则奶泡流出速度慢，有利于流速的稳定，导流区长则奶泡流出速度快，可以预防奶泡分层。

（六）奶泡温度要求

奶泡打发需将牛奶加热至60~70℃。在此温度区间下乳糖分解使牛奶甜度增加，并且蛋白质尚未变质能够有效保证牛奶的营养成分。一般除使用温度计测量牛奶打发温度还可通过手掌感知加热温度。一般情况下，在触摸奶缸感觉烫手后继续加热3s，牛奶即加热至所需温度，如图1-11所示。

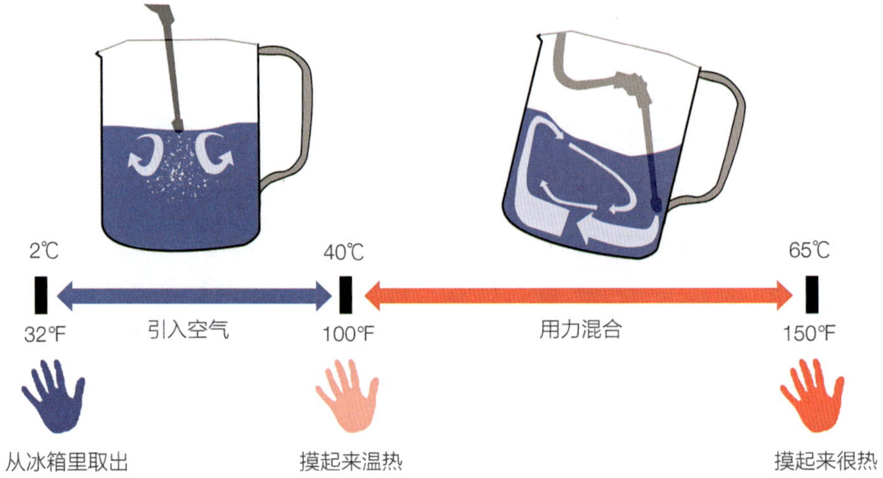

图1-11 手掌感知牛奶加热温度

三、牛奶与咖啡的融合

为能够出品一杯优秀的拿铁咖啡需要将牛奶、奶泡及咖啡完美融合，也可以为后续的拉花咖啡做好基础。牛奶与咖啡融合的方法如下。

1. 高而缓

拉花缸从离杯子较高的位置开始。将拉花缸倾斜约60° 时，让牛奶缓缓地流出。对准咖啡水位的中心，也就是最深处，缓缓注入牛奶，同时双手以相反方向画圆，如图1-12所示。

2. 低而急

当杯子已经接近2/3满时，拉花缸位置向下移，拉花缸嘴越接近液面越好，同时调整拉花缸角度，从约60° 到接近90° ，将牛奶快速注入，将牛奶上层奶泡带出，如图1-13所示。

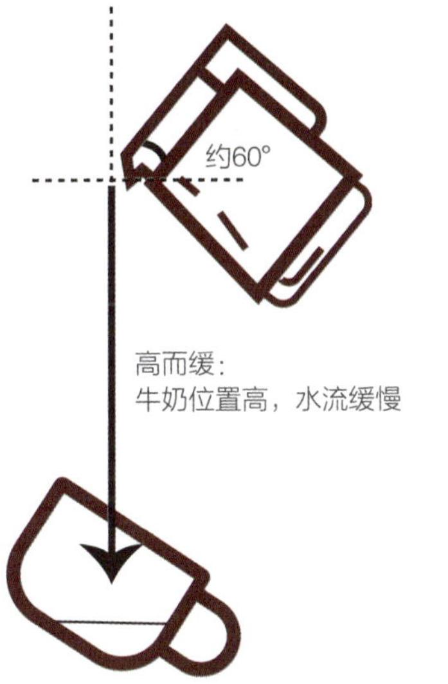

图1-12　牛奶和咖啡的融合相对位置高

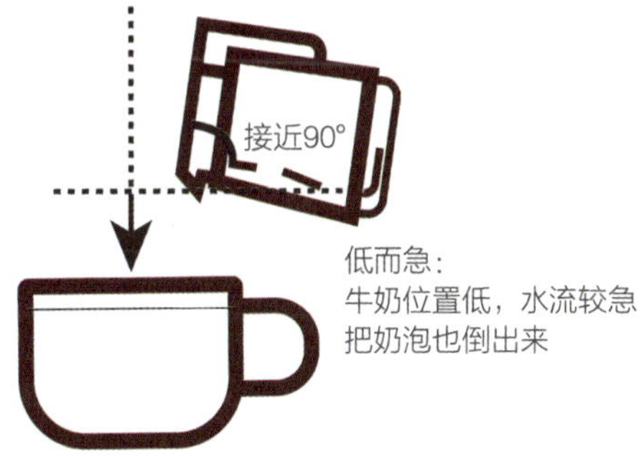

图1-13　牛奶和咖啡的融合相对位置低

四、拿铁咖啡的成品标准

一杯优秀的拿铁咖啡的成品标准是意式浓缩咖啡（Espresso）占1/3，牛奶占2/3，另有约1cm厚的奶泡且奶泡细腻、无大气泡。

五、影响拿铁咖啡风味的因素

意式浓缩咖啡（Espresso）的好坏直接影响拿铁咖啡的风味。如意式浓缩咖啡（Espresso）萃取过度或萃取不足均会导致拿铁咖啡风味出现瑕疵。同时，牛奶是否加热至规定温度也会影响拿铁咖啡的甜味及香味。

任务实施

一、查阅资料完成题目

阅读拿铁咖啡制作的相关知识并完成以下题目。

1. 选出正确答案：“拿铁”是意大利文“Latte”的音译，原意为（　　）。

A. 咖啡　　B. 奶泡　　C. 牛奶　　D. 巧克力

2. 选出正确答案：“拿铁”的奶泡厚度为（　　）。

A. 0.1～0.2cm　　B. 0.5～1cm　　C. 1～2cm　　D. 2～3cm

3. 选出正确答案：制作奶泡时，牛奶的温度尽量控制在（　　）℃以内。

A. 80　　B. 70　　C. 60　　D. 50

4. 为以下3种牛奶的脂肪含量由低到高排序。

①全脂牛奶；②鲜牛奶；③脱脂牛奶。

正确顺序：________。

二、生产实施

1. 掌握制作流程

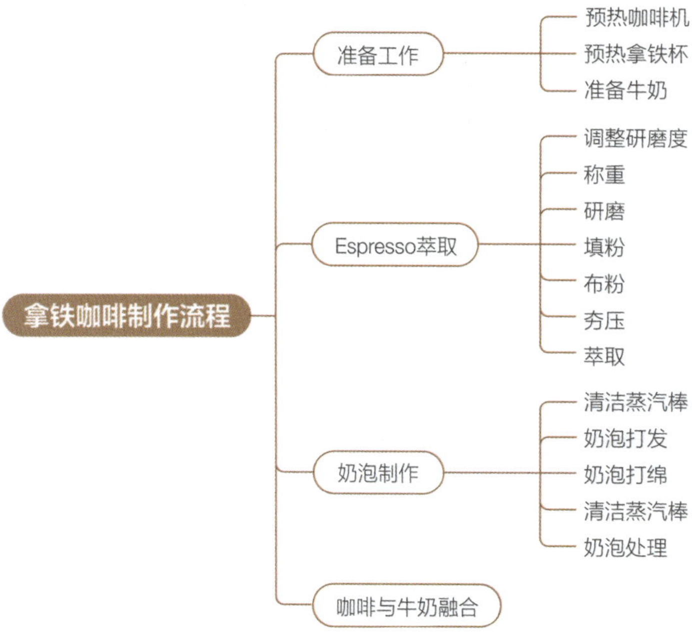

制作拿铁咖啡微课

2. 奶泡制作（可在水中加入少许牛奶进行反复练习）

配图	制作方法	制作说明
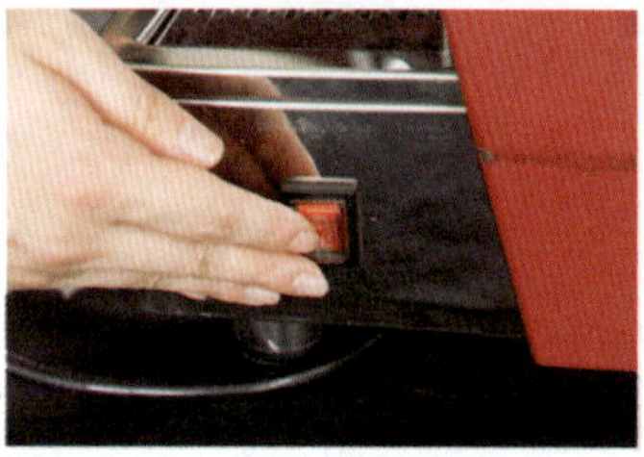	（1）准备工作：咖啡机预热；选择450mL容量拉花缸，在拉花缸中加入足量的冰牛奶，约拉花缸的（1/3）~（1/2）	使用能够充分容纳所需牛奶量的拉花缸，让倒入牛奶的量为拉花缸的三至五分满

配图	制作方法	制作说明
	（2）打开蒸汽，清洁蒸汽棒	用湿白色抹布挡住蒸汽棒的气孔，打开蒸汽，清除蒸汽棒中的冷凝水
	（3）奶泡打发：将蒸汽喷头插入牛奶表面之下约1cm处接近中心的位置，蒸汽棒的角度为45°～55°	把蒸汽棒对准在从拉花缸中心点偏移的3点钟或9点钟方向
	（4）根据牛奶需要打发的程度，将蒸汽棒的旋钮打开	蒸汽喷头始终保持刚好在牛奶表面之下的位置，不要形成任何明显的气泡，打气时会发出一种轻微啜吸声
	（5）奶泡打绵：提起拉花缸，使蒸汽棒喷头距离缸底1cm，调整蒸汽棒角度使牛奶旋转，直至牛奶加热至预期温度	当达到预期的打发程度后，将蒸汽棒沉入牛奶深处进行打绵操作；使牛奶旋转，将较大的气泡打碎成绵密小气泡，打气时的啜吸声会逐渐变沉闷
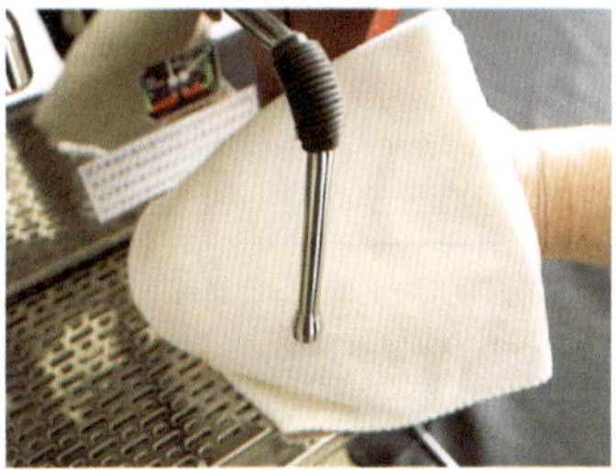	（6）关掉蒸汽棒，移走拉花缸，用湿抹布擦拭蒸汽棒，并包裹住蒸汽喷头，放气	感知牛奶温度时，可将手掌贴于拉花缸外侧，在感觉烫手后2～3s，牛奶即加热到相应温度

配图	制作方法	制作说明
	（7）奶泡处理：用力晃动牛奶，将拉花缸在桌面上轻振，振碎多余的大气泡，并把奶泡和牛奶融合	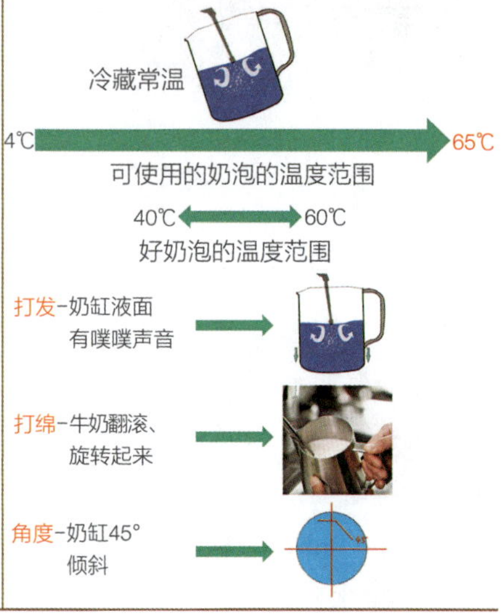

3. 拿铁咖啡制作

配图	制作方法	制作说明
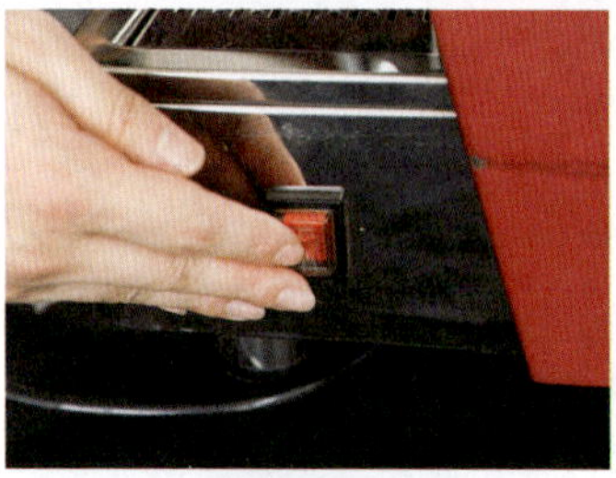	（1）准备工作 ①咖啡机预热； ②清洁咖啡手柄； ③拿铁杯预热； ④在拉花缸中倒入牛奶； ⑤调节磨豆机研磨度并洗磨	
	（2）咖啡豆称重：双份称重20g	
	（3）磨豆：将称重完毕的咖啡豆倒入磨豆机中进行研磨	

配图	制作方法	制作说明
	（4）布粉：称重完毕后使用拍击轻磕法进行布粉	
	（5）夯压：对布粉完毕的咖啡粉进行夯压	
	（6）萃取：根据Espresso萃取要求萃取Espresso并倒入事先预热好的咖啡杯中	意式浓缩咖啡（Espresso）的好坏直接影响拿铁咖啡的风味，如意式浓缩咖啡（Espresso）焦苦味明显，则会掩盖掉牛奶的香味使得整杯拿铁咖啡充满焦苦味，萃取不足也使得拿铁咖啡酸涩无味，在萃取浓缩咖啡的时候，应该制订合理的萃取方案并严格执行
	（7）打发奶泡并加热牛奶：根据奶泡制作要求打发出足量奶泡并将牛奶加热至规定温度	牛奶的温度不可超过70℃，既能保证牛奶的营养结构不被破坏，同时还能使乳糖分解产生甜味
	（8）融合：将萃取好的Espresso倒入预热完毕的拿铁杯中，注入牛奶与咖啡融合	一杯优秀的拿铁咖啡要求是：意式浓缩咖啡（Espresso）占1/3，牛奶占2/3，另有约1cm厚的奶泡且奶泡细腻无大气泡

评价考核

制作拿铁咖啡专业能力评价

学生姓名：________ 组别：________ 日期：________

评价方式	评价环节	评价项目	评价内容	评价要素	不计分	不及格	及格	良	优
学生自评（10%）	课前评价（10%）	基础知识（10分）	自主学习	通过查找资料了解相关知识（5分）	0	1.5	3.0	4.0	5.0
				完成任务中的题目（5分）	0	1.5	3.0	4.0	5.0
组间评价（20%）	课中评价（20%）	准备工作（5分）	操作过程	正确清洁咖啡手柄；咖啡机正确预热；选用正确的餐具（5分）	0	1.5	3.0	4.0	5.0
		萃取（5分）		操作完整准确；萃取时间20～30s；萃取量在25～30mL（5分）	0	1.5	3.0	4.0	5.0
		制作奶泡（5分）		提前释放蒸汽；温度不超过70℃；无明显大气泡，奶泡绵密；正确清洁蒸汽棒（5分）	0	1.5	3.0	4.0	5.0
		产品呈现（5分）		奶泡厚度不超过1cm；奶泡细腻无大气泡；奶泡中间有一个咖啡斑点；产品码放干净、清爽（5分）	0	1.5	3.0	4.0	5.0
教师评价（70%）	课中评价（55%）	准备工作（5分）	操作过程	1. 正确清洁咖啡手柄（1分）	0	0.2	0.5	0.8	1.0
				2. 咖啡机是否预热（1分）	0	0.2	0.5	0.8	1.0
				3. 选用正确的餐具（2分）	0	0.4	1.0	1.6	2.0
				4. 注意操作卫生与安全（1分）	0	0.2	0.5	0.8	1.0
		萃取（15分）		1. 萃取操作完整准确（6分）	0	2.0	3.0	4.0	6.0
				2. 萃取时间20～30s（3分）	0	1.0	1.5	2.0	3.0
				3. 萃取量在25～30mL（3分）	0	1.0	1.5	2.0	3.0
				4. 注意操作卫生与安全（3分）	0	1.0	1.5	2.0	3.0
		制作奶泡（20分）		1. 提前释放蒸汽（2分）	0	0.5	1.0	1.5	2.0
				2. 温度在60～70℃（8分）	0	2.0	4.0	6.0	8.0
				3. 奶泡绵密，无明显大气泡（6分）	0	2.0	3.0	4.0	6.0
				4. 清洁蒸汽棒（2分）	0	0.5	1.0	1.5	2.0
				5. 注意卫生与安全（2分）	0	0.5	1.0	1.5	2.0

续表

评价方式	评价环节	评价项目	评价内容	评价要素	不计分	不及格	及格	良	优
教师评价（70%）	课中评价（55%）	产品呈现（5分）	产品展示	1. 奶泡厚度不超过1cm（1分）	0	0.2	0.5	0.8	1.0
				2. 奶泡绵密，无大气泡（2分）	0	0.5	1.0	1.5	2.0
				3. 口感浓郁醇香（1分）	0	0.2	0.5	0.8	1.0
				4. 产品码放干净、清爽（1分）	0	0.2	0.5	0.8	1.0
		学习能力（10分）	探究归纳	1. 探究错误原因（3分） 2. 举一反三，具有知识迁移能力（3分） 3. 总结问题及重难点的解决办法（4分）	0	2.0	6.0	8.0	10.0
	课后评价（15%）	巩固迁移能力（15分）	总结归纳	能够完成教师布置的作业（15分）	0	4.0	8.0	12.0	15.0
总分									

注：①总分＜60为不及格；60≤总分＜75为及格；75≤总分＜85为良；总分≥85为优。
②每个评分项目里，一旦出现安全问题、不出品则为0分。

巩固反馈

1. 选出正确答案：制作拿铁咖啡时，以下哪款工具无须使用（　　）。
   A. 粉锤　　B. 拉花缸　　C. Shot杯　　D. 咖啡手柄
2. 选出正确答案：打发奶泡时，蒸汽棒蒸汽头需在牛奶液体表面下（　　）cm的位置。
   A. 1　　B. 1.5　　C. 2　　D. 2.5
3. 根据所学，完成填空：一杯优秀的拿铁咖啡的要求是Espresso占________，牛奶占________，另有约________cm厚的奶泡，奶泡细腻无________。
4. 请根据本任务所学，总结打发适合拿铁咖啡的奶泡的注意事项。

任务3　制作卡布奇诺咖啡

学习目标

知识目标	1．知道制作卡布奇诺咖啡所需的工具及使用方法。 2．了解卡布奇诺咖啡的概念及历史。 3．熟知卡布奇诺咖啡与拿铁咖啡的区别。 4．了解制作卡布奇诺咖啡的标准。
能力目标	1．能按照操作流程，准确控制萃取时间和萃取量，正确调整咖啡研磨度。 2．能按照安全卫生操作流程，根据要求正确制作并出品卡布奇诺咖啡。 3．能够按照正确操作步骤，对咖啡机和磨豆机进行定期清洁保养。
素养目标	通过制作卡布奇诺咖啡，了解意式咖啡中奶泡打发需用到的专业工具和设备，巩固基础知识，获得求知探索的学习能力。

建议学时

6学时

任务描述

卡布奇诺咖啡（常简称为卡布）是一种同等分量的意大利特浓咖啡和蒸汽泡沫牛奶相混合的咖啡。

本任务通过小组合作的方式完成，每组4人。通过制作卡布奇诺咖啡加强基础知识的学习和巩固，制作过程严格遵守实训室安全操作守则，正确使用工具和设备，遵守卫生标准流程，团队协作完成。

知识链接

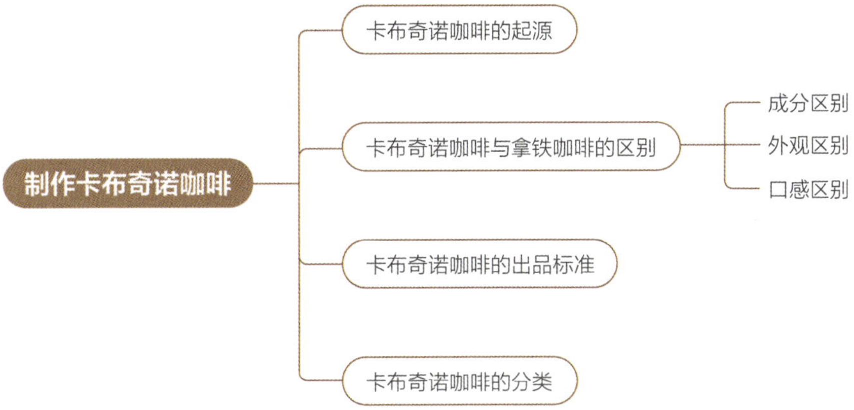

一、卡布奇诺咖啡的起源

卡布奇诺（Cappuccino）的意思是意大利泡沫咖啡。意大利人发现浓缩咖啡、牛奶和奶泡混合后，颜色很像修士所穿的深褐色道袍，于是就给有奶泡的牛奶咖啡取名为“卡布奇诺”。

英文中最早使用这一名称是在1948年，来源于旧金山的一篇报道，在1990年以后，它才成为世人耳熟能详的饮料。

这种咖啡有着浓缩咖啡的浓郁口感、润滑细腻的奶泡以及香醇温绵的牛奶，在奶沫上再撒些肉桂粉便是一杯传统的卡布奇诺咖啡。

二、卡布奇诺咖啡与拿铁咖啡的区别

1. 成分区别

从图1-14中可以发现，卡布奇诺咖啡与拿铁咖啡的成分是一样的，分别为意式浓缩咖啡（Espresso）、牛奶以及奶泡，区别在于卡布奇诺咖啡奶泡多，拿铁咖啡牛奶多。

卡布奇诺咖啡　　拿铁咖啡

图1-14　卡布奇诺咖啡与拿铁咖啡的成分图

2．外观区别

（1）如图1-15所示，卡布奇诺咖啡较拿铁咖啡的奶沫更厚一些。

（2）拿铁咖啡因为奶泡含量较卡布奇诺咖啡少，故而牛奶含量更多。

图1-15　卡布奇诺咖啡与拿铁咖啡实物图

3．口感区别

卡布奇诺咖啡和拿铁咖啡都有奶泡，而且都是很绵密的奶泡。但卡布奇诺咖啡奶泡较多，牛奶比例少，咖啡的味道较明显，在品尝时需将奶泡重新搅入杯中和牛奶咖啡重新混合；拿铁咖啡的奶泡较少，牛奶多，总体牛奶味道更重。

三、卡布奇诺咖啡的出品标准

一杯标准的卡布奇诺咖啡要求意式浓缩咖啡（Espresso）、牛奶及奶泡的比例为1：1：1，出品时的外观要求，如图1-16所示。

图1-16　卡布奇诺咖啡外观

（1）杯口一圈金黄色咖啡油脂。

（2）细腻的白色奶泡，厚度大于1cm，无大气泡。

（3）中间撒适量肉桂粉。

四、卡布奇诺咖啡的分类

国外卡布奇诺咖啡根据意式浓缩咖啡（Espresso）、牛奶和奶泡三者之间的比例差异分为“干卡布奇诺”和“湿卡布奇诺”两种。国内卡布奇诺咖啡一般单指“干卡布奇诺”。

“干卡布奇诺（干卡布）”的意式浓缩咖啡（Espresso）、牛奶和奶泡三者之间的比例为1：1：1，“湿卡布奇诺（湿卡布）”中意式浓缩咖啡（Espresso）、牛奶和奶泡三者之间的比例为0.5：2：0.5。

任务实施

一、查阅资料完成题目

阅读卡布奇诺咖啡制作的相关知识并完成以下题目。

1. 选出正确答案：干卡布奇诺中浓缩咖啡、牛奶和奶泡的比例为（　　）。

A. 1：1：1　　B. 0.5：0.5：2　　C. 0.5：2：1　　D. 2：1：1

2. 选出正确答案：湿卡布奇诺中浓缩咖啡、牛奶和奶泡的比例为（　　）。

A. 1：1：1　　B. 0.5：1：0.5　　C. 0.5：1：1　　D. 0.5：2：0.5

3. 根据下图，请阐述卡布奇诺咖啡的出品标准。

4. 画出卡布奇诺咖啡的成分图，并标注不同部分成分名称。

二、生产实施

1. 掌握制作流程

制作卡布奇诺咖啡微课

- 卡布奇诺咖啡制作流程
  - 准备工作
    - 预热咖啡机
    - 预热咖啡杯
    - 准备牛奶
  - Espresso萃取
    - 调整研磨度
    - 称重
    - 研磨
    - 填粉
    - 布粉
    - 夯压
    - 萃取
  - 奶泡制作
    - 根据奶泡制作要求打发出足量奶泡并将牛奶加热至规定温度
  - 成品制作
    - 挂壁
    - 融合
    - 撒粉

2. 卡布奇诺咖啡制作

配图	制作方法	制作说明
	（1）先萃取一杯意式浓缩咖啡	
	（2）打发奶泡并加热牛奶：根据奶泡制作要求打发出足量奶泡并将牛奶加热至规定温度	干卡布的奶泡较厚，所以需要将牛奶30%左右打成奶泡；湿卡布将牛奶15%打成奶泡

配图	制作方法	制作说明
	（3）干卡布融合：先将萃取在咖啡杯中的Espresso晃动一圈，在杯壁上挂一圈咖啡油脂，将咖啡杯与奶缸呈90°角倒入打发好的牛奶及奶泡；倒入时，缓缓将咖啡杯直立	湿卡布中浓缩咖啡、牛奶、奶泡的比例是0.5∶2∶0.5，可以融合后拉花
	（4）撒粉：奶泡表面撒适量肉桂粉	

评价考核

制作卡布奇诺咖啡专业能力评价

学生姓名：________　组别：________　日期：________

评价方式	评价环节	评价项目	评价内容	评价要素	不计分	不及格	及格	良	优
学生自评（10%）	课前评价（10%）	基础知识（10分）	自主学习	通过查找资料了解相关知识（5分）	0	1.5	3.0	4.0	5.0
				完成任务中的题目（5分）	0	1.5	3.0	4.0	5.0
组间评价（20%）	课中评价（20%）	准备工作（5分）	操作过程	正确清洁咖啡手柄；咖啡机正确预热；选用正确的餐具（5分）	0	1.5	3.0	4.0	5.0
		萃取（5分）		操作完整准确；萃取时间20～30s；萃取量在25～30mL（5分）	0	1.5	3.0	4.0	5.0
		制作奶泡（5分）		提前释放蒸汽；温度不超过70℃；无明显大气泡，奶泡绵密；清洁蒸汽棒（5分）	0	1.5	3.0	4.0	5.0

续表

评价方式	评价环节	评价项目	评价内容	评价要素	不计分	不及格	及格	良	优
组间评价（20%）	课中评价（20%）	产品呈现（5分）	操作过程	一圈金黄色咖啡油脂；中间奶泡厚度超过1cm；奶泡细腻无大气泡；有肉桂粉（5分）	0	1.5	3.0	4.0	5.0
教师评价（70%）	课中评价（55%）	准备工作（5分）	操作过程	1. 正确清洁咖啡手柄（1分）	0	0.2	0.5	0.8	1.0
				2. 咖啡机是否预热（1分）	0	0.2	0.5	0.8	1.0
				3. 选用正确的餐具（2分）	0	0.4	1.0	1.6	2.0
				4. 注意操作卫生与安全（1分）	0	0.2	0.5	0.8	1.0
		萃取（15分）		1. 萃取操作完整准确（6分）	0	2.0	3.0	4.0	6.0
				2. 萃取时间20~30s（3分）	0	1.0	1.5	2.0	3.0
				3. 萃取量在25~30mL（3分）	0	1.0	1.5	2.0	3.0
				4. 注意操作卫生与安全（3分）	0	1.0	1.5	2.0	3.0
		制作奶泡（20分）		1. 提前释放蒸汽（2分）	0	0.5	1.0	1.5	2.0
				2. 温度在60~70℃（8分）	0	2.0	4.0	6.0	8.0
				3. 奶泡绵密，无明显大气泡（6分）	0	2.0	3.0	4.0	6.0
				4. 清洁蒸汽棒（2分）	0	0.5	1.0	1.5	2.0
				5. 注意卫生与安全（2分）	0	0.5	1.0	1.5	2.0
		产品呈现（5分）	产品展示	1. 奶泡厚度超过1cm（1分）	0	0.2	0.5	0.8	1.0
				2. 奶泡绵密，无大气泡（1分）	0	0.2	0.5	0.8	1.0
				3. 一圈金黄色咖啡油脂（1分）	0	0.2	0.5	0.8	1.0
				4. 口感浓郁醇香（1分）	0	0.2	0.5	0.8	1.0
				5. 产品码放干净、清爽（1分）	0	0.2	0.5	0.8	1.0
		学习能力（10分）	探究归纳	1. 探究错误原因（3分） 2. 举一反三，具有知识迁移能力（3分） 3. 总结问题及重难点的解决办法（4分）	0	2.0	6.0	8.0	10.0
	课后评价（15%）	巩固迁移能力（15分）	总结归纳	能够完成教师布置的作业（15分）	0	4.0	8.0	12.0	15.0
总分									

注：①总分＜60为不及格；60≤总分＜75为及格；75≤总分＜85为良；总分≥85为优。

②每个评分项目里，一旦出现安全问题、不出品则为0分。

巩固反馈

1. 根据所学，完成填空：卡布奇诺咖啡与拿铁咖啡的不同之处在于牛奶的______________不同。
2. 根据所学，完成填空：在制作卡布奇诺咖啡过程中，先将萃取在咖啡杯中的__________晃动一圈，在杯壁上挂一圈__________。
3. 判断正误：咖啡豆的品种，决定了其天生的风味，与后期制作无关。(　　)
4. 请根据本任务内容，总结出卡布奇诺咖啡和拿铁咖啡都有哪些主要区别？

任务4 制作摩卡咖啡

学习目标

知识目标	1. 知道制作摩卡咖啡所需工具的使用方法。 2. 了解摩卡咖啡的概念及历史。 3. 掌握摩卡咖啡的制作标准。 4. 了解咖啡的发展历史。
能力目标	1. 能按照操作流程，准确控制萃取时间和萃取量，正确调整研磨度。 2. 能按照安全卫生操作流程，根据要求正确制作并出品摩卡咖啡。 3. 能够按照正确操作步骤，对咖啡机和磨豆机进行定期清洁保养。
素养目标	通过制作摩卡咖啡的操作练习，掌握咖啡制作技能、培养咖啡师服务素养。

建议学时

6学时

任务描述

摩卡咖啡，英文名为Cafe mocha，意为阿拉伯优质咖啡或巧克力咖啡。摩卡咖啡是意式拿铁咖啡的衍生品，和经典的拿铁咖啡一样有意式浓缩咖啡、牛奶、奶泡之外，还会加入少量巧克力，巧克力通常会以巧克力酱的形式添加，用来赋予咖啡巧克力风味，以及起到装饰的作用。

本任务通过小组合作的方式完成，每组4人。通过制作摩卡咖啡加强基础知识的学习和巩固。制作过程严格遵守实训室安全操作守则，正确使用工具和设备，遵守卫生标准流程，团队协作完成。

知识链接

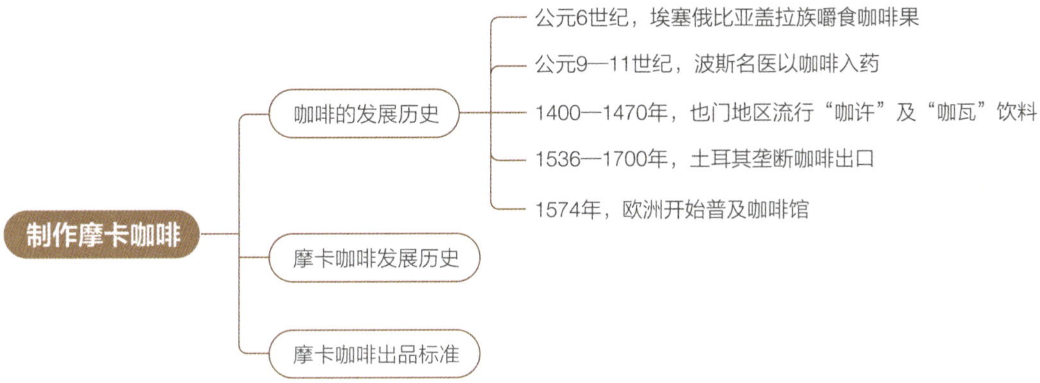

一、咖啡的发展历史

1. 公元6世纪，埃塞俄比亚

最早与咖啡接触的应为东非盖拉族（也称奥罗莫族）。盖拉族是埃塞俄比亚的主要民族之一，占该国人口30%以上。古代盖拉族人常摘下咖啡果捣碎，裹上动物脂肪，揉成小球状，当成远行、征战时的口粮。18世纪苏格兰旅游冒险家詹姆士·布鲁斯在其著作《发现尼罗河源头》一书中也对盖拉族食用咖啡丸有过详细的描述。

2. 公元9—11世纪，波斯文献

公元9世纪，出现与咖啡有关的文献。当时这种果实不叫咖啡，而称为“邦”（Bunn）。埃塞俄比亚目前仍沿用此古音来称呼咖啡果。波斯名医拉齐（Rhzaes）所撰的医药百科《医学全集》是目前所知最早论及咖啡的文献。他在书中提及：一种以“邦”熬煮的汁液称为“邦琼”（Bunnchum），具有燥热性，益胃，可治疗头疼、提神，多饮可令人难以入眠。

3. 1400—1470年，也门摩卡

中东地区出现两种引发咖啡潮流的新饮料，“咖许”（Qishr）以及“咖瓦”。这两款提神饮料于15 世纪末开始爆红于阿拉伯半岛，为咖啡的传播踏出重要的第一步。

4. 1536—1700年，土耳其（奥斯曼帝国）

1536年奥斯曼帝国攻陷也门，发现也门人只取用咖啡果肉来泡茶，丢弃咖啡豆不用，殊为可惜，于是收集也门弃豆以供出口，获得大量外汇。直到1700年以后，奥斯曼帝国垄断咖啡豆产销的局面才被欧洲列强打破。在这之前，土耳其喝法是国际唯一的咖啡流派。

5. 1574年，欧洲

1574年，荷兰植物学家克鲁西尤斯（Carolus Clusius，1526—1609年，促成中东郁金香走红欧洲）在印刷品中介绍咖啡豆，是欧洲最早的咖啡文献。1582年，德国植物学家罗沃夫（Leonhardt Rauwolf，1540—1596年）在浪迹中东的游记中，也提到中东地区每日必饮的“咖瓦”和“咖许”，是欧洲人介绍咖啡的第一本书。1592年，意大利植物学家艾宾努斯最先在出版物中刊出咖啡树手绘图。罗马东方语言学家奈龙无法在学术作品中找到咖啡起源，1671年才自己编出“牧童说”，成为1715年法国作家拉侯克《航向也门》有关咖啡起源的主要依据，进而促成欧洲咖啡馆普及。咖啡的大体传播发展过程见图1-17。

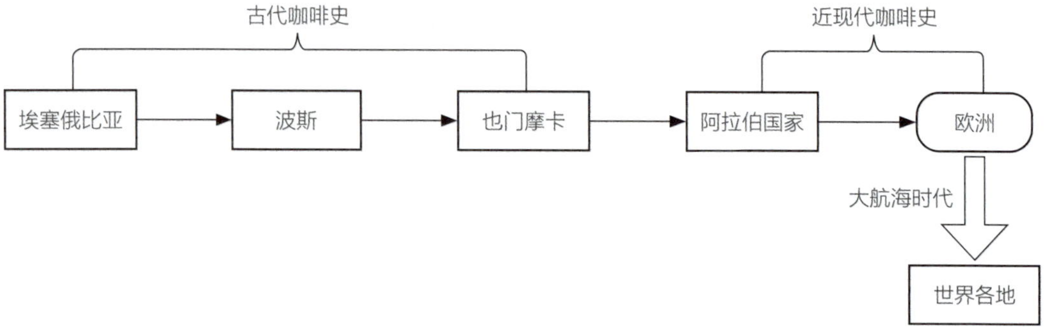

图1-17　咖啡历史传播走向

二、摩卡咖啡发展历史

大多数人认为摩卡是咖啡豆产地，摩卡咖啡是甜甜的巧克力咖啡。事实上，正宗的“摩卡咖啡”只生产于阿拉伯半岛西南方的也门共和国，生长在海拔3000～8000英尺（1英尺＝0.3048m）的陡峭山侧地带，也是世界上最古老的咖啡。

摩卡咖啡得名于著名的摩卡港，15世纪东非的运输业非常不发达，然而这里却出产着世界上最珍贵的咖啡豆，这些咖啡豆都会汇集到也门的摩卡港，并运往欧洲。目前，摩卡港因淤泥堆积，被新兴的港口包括蒙巴萨、德班等，取代了地位，但是摩卡港时期摩卡咖啡的产地依然保留了下来，这些产地所产的咖啡豆，仍被称为摩卡咖啡豆。

摩卡咖啡豆之所以如此受欢迎，是因为其具有丰富的口感：红酒的香味、干果味、蓝莓味、葡萄味、肉桂味、烟草味、甜香料味、原木味，甚至还有巧克力味。欧洲人非常喜欢摩卡咖啡，并一直将其作为一种消耗性的奢侈品。

随着意大利花式咖啡的诞生，人们尝试着向普通咖啡中加入巧克力来代替摩卡咖啡豆，这就是现在大家常常能够喝到的意大利花式摩卡咖啡。意大利花式摩卡咖啡也称摩卡咖啡，是将1/3的意式浓缩咖啡（Espresso），与2/3的热牛奶混合，然后加入巧克力。传统的意大利花式摩卡咖啡使用巧克力酱作为原料，而随后由于其备受欢迎，巧克力酱也常被巧克力粉代替。目前的摩卡咖啡除了用黑巧克力，牛奶巧克力也同样可以作为材料之一。与卡布其诺咖啡浓厚的牛奶泡沫不同，摩卡咖啡的顶部牛奶泡沫较少，甚至无泡沫，取而代之的是鲜奶油、可可和肉桂。所以，如今所谓的摩卡咖啡，其实是摩卡豆咖啡和花式摩卡咖啡的统称。

三、摩卡咖啡出品标准

根据大部分咖啡门店的摩卡咖啡出品标准如下。

（1）1/3的意式浓缩咖啡（Espresso）及2/3的热牛奶混合。

（2）表面挤一层打发好的淡奶油。

（3）淋巧克力酱装饰（图1-18）。

图1-18　摩卡咖啡示例

任务实施

一、查阅资料完成题目

阅读摩卡咖啡制作的相关知识并完成以下题目。

1. 选出正确答案：在摩卡咖啡中，通常加入的材料不包括（　　）。

A. 意式浓缩液　　B. 白砂糖　　C. 巧克力　　D. 牛奶

2. 选出正确答案：摩卡咖啡豆的命名源于（　　）。

A. 产地名称　　B. 咖啡豆品种　　C. 港口名称　　D. 烘焙方法

3. 根据所学，完成下列填空：随着意大利花式咖啡的诞生，人们尝试着向普通咖啡中加入___________来代替摩卡咖啡，这就是现在大家常常能够喝到的________摩卡。今天的摩卡咖啡除了用黑巧克力，_______________也同样可以作为材料之一。与卡布其诺咖啡浓厚的牛奶泡沫不同，摩卡咖啡的顶部没有牛奶泡沫，取而代之的是________，并加入可可粉和肉桂。

4. 选出正确答案：以下哪种咖啡只生产于阿拉伯半岛西南方的也门共和国、生长在海拔3000～8000英尺的陡峭山侧地带，是世界上最古老的咖啡？（　　）

A. 卡布奇诺咖啡　B. 摩卡咖啡　C. 拿铁咖啡　D. 意式浓缩咖啡

二、生产实施

1. 掌握制作流程

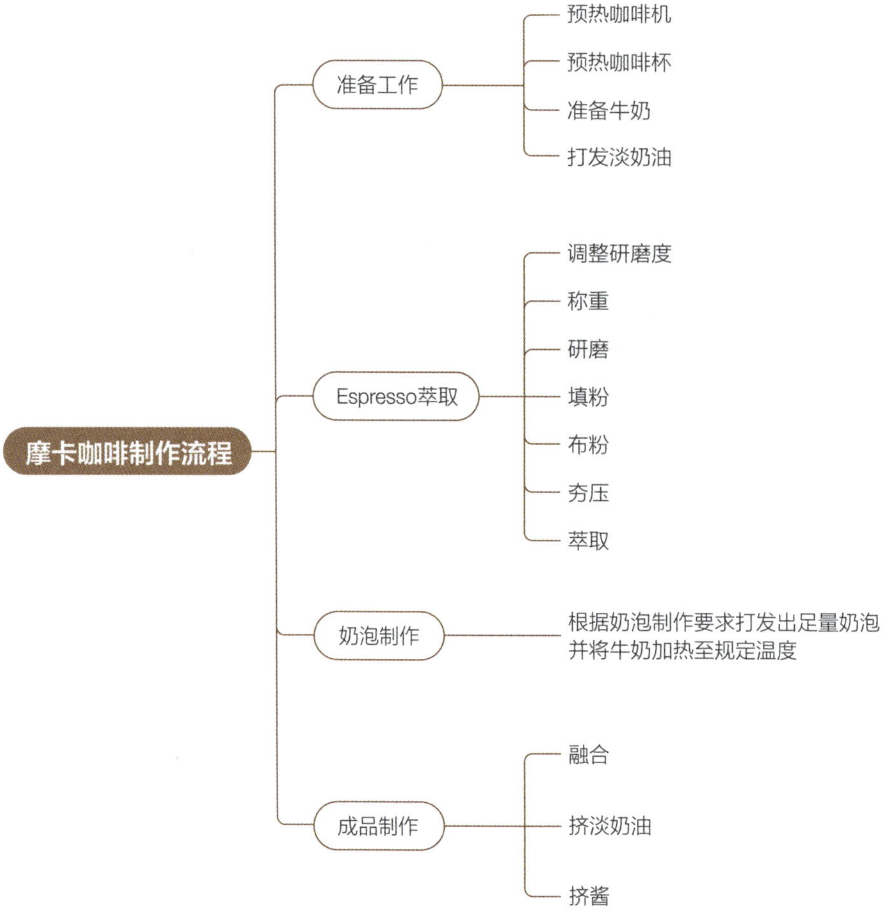

制作摩卡咖啡微课

2. 摩卡咖啡制作

配图	制作方法	制作说明
	（1）萃取双份意式浓缩咖啡（Espresso），将20g巧克力酱和5g左右的可可粉倒入咖啡杯中搅拌均匀	
	（2）打发奶泡并加热牛奶：根据奶泡制作要求打发出足量奶泡并将牛奶加热至规定温度	
	（3）融合：将咖啡杯与奶缸呈90°角倒入打发好的牛奶及奶泡	
	（4）挤淡奶油：从咖啡杯杯壁液面中间开始以画同心圆的方式由外向内挤入淡奶油	
	（5）挤酱：在淡奶油表面挤巧克力酱装饰	
	（6）产品完成	

3. 冰摩卡咖啡制作

配图	制作方法	制作说明
	（1）将巧克力酱挂壁	
	（2）加入冰块和牛奶于咖啡杯中，至七八分满	
 	（3）另取一只咖啡杯，萃取意式浓缩咖啡25g，加入巧克力酱，混合均匀后，加入冰牛奶中	
 	（4）打发奶泡，将咖啡杯注满；或者挤淡奶油，从咖啡液面中间开始以画同心圆的方式挤入淡奶油	

配图	制作方法	制作说明
	（5）挤酱：在淡奶油表面挤巧克力酱装饰	
	（6）产品完成	

评价考核

制作摩卡咖啡专业能力评价

学生姓名：________　组别：________　日期：________

评价方式	评价环节	评价项目	评价内容	评价要素	不计分	不及格	及格	良	优
学生自评（10%）	课前评价（10%）	基础知识（10分）	自主学习	通过查找资料了解相关知识（5分）	0	1.5	3.0	4.0	5.0
				完成任务中题目（5分）	0	1.5	3.0	4.0	5.0
组间评价（20%）	课中评价（20%）	准备工作（5分）	操作过程	正确清洁咖啡手柄；咖啡机正确预热；选用正确的餐具；正确打发淡奶油（5分）	0	1.5	3.0	4.0	5.0
		萃取（5分）		操作完整准确；萃取时间20～30s；萃取量在25～30mL（5分）	0	1.5	3.0	4.0	5.0
		制作奶泡（5分）		提前释放蒸汽；温度不超过70℃；无明显大气泡，奶泡绵密；清洁蒸汽棒（5分）	0	1.5	3.0	4.0	5.0
		产品呈现（5分）		淡奶油覆盖均匀，无外溢；表面有巧克力酱装饰（5分）	0	1.5	3.0	4.0	5.0

续表

<table>
<tr><th>评价方式</th><th>评价环节</th><th>评价项目</th><th>评价内容</th><th>评价要素</th><th>不计分</th><th>不及格</th><th>及格</th><th>良</th><th>优</th></tr>
<tr><td rowspan="20">教师评价（70%）</td><td rowspan="19">课中评价（55%）</td><td rowspan="4">准备工作（5分）</td><td rowspan="13">操作过程</td><td>1. 正确清洁咖啡手柄（1分）</td><td>0</td><td>0.2</td><td>0.5</td><td>0.8</td><td>1.0</td></tr>
<tr><td>2. 预热咖啡机（1分）</td><td>0</td><td>0.2</td><td>0.5</td><td>0.8</td><td>1.0</td></tr>
<tr><td>3. 选用正确的餐具（2分）</td><td>0</td><td>0.4</td><td>1.0</td><td>1.6</td><td>2.0</td></tr>
<tr><td>4. 注意操作卫生与安全（1分）</td><td>0</td><td>0.2</td><td>0.5</td><td>0.8</td><td>1.0</td></tr>
<tr><td rowspan="4">萃取（15分）</td><td>1. 萃取操作完整准确（6分）</td><td>0</td><td>2.0</td><td>3.0</td><td>4.0</td><td>6.0</td></tr>
<tr><td>2. 萃取时间20~30s（3分）</td><td>0</td><td>1.0</td><td>1.5</td><td>2.0</td><td>3.0</td></tr>
<tr><td>3. 萃取量在25~30mL（3分）</td><td>0</td><td>1.0</td><td>1.5</td><td>2.0</td><td>3.0</td></tr>
<tr><td>4. 注意操作卫生与安全（3分）</td><td>0</td><td>1.0</td><td>1.5</td><td>2.0</td><td>3.0</td></tr>
<tr><td rowspan="5">制作奶泡（20分）</td><td>1. 提前释放蒸汽（2分）</td><td>0</td><td>0.5</td><td>1.0</td><td>1.5</td><td>2.0</td></tr>
<tr><td>2. 温度在60~70℃（8分）</td><td>0</td><td>2.0</td><td>4.0</td><td>6.0</td><td>8.0</td></tr>
<tr><td>3. 奶泡绵密，无明显大气泡（6分）</td><td>0</td><td>2.0</td><td>3.0</td><td>4.0</td><td>6.0</td></tr>
<tr><td>4. 清洁蒸汽棒（2分）</td><td>0</td><td>0.5</td><td>1.0</td><td>1.5</td><td>2.0</td></tr>
<tr><td>5. 注意卫生与安全（2分）</td><td>0</td><td>0.5</td><td>1.0</td><td>1.5</td><td>2.0</td></tr>
<tr><td rowspan="5">产品呈现（5分）</td><td rowspan="5">产品展示</td><td>1. 表面淡奶油覆盖均匀（1分）</td><td>0</td><td>0.2</td><td>0.5</td><td>0.8</td><td>1.0</td></tr>
<tr><td>2. 表面有巧克力酱装饰（1分）</td><td>0</td><td>0.2</td><td>0.5</td><td>0.8</td><td>1.0</td></tr>
<tr><td>3. 表面装饰美观（1分）</td><td>0</td><td>0.2</td><td>0.5</td><td>0.8</td><td>1.0</td></tr>
<tr><td>4. 口感浓郁醇香（1分）</td><td>0</td><td>0.2</td><td>0.5</td><td>0.8</td><td>1.0</td></tr>
<tr><td>5. 产品码放干净、清爽（1分）</td><td>0</td><td>0.2</td><td>0.5</td><td>0.8</td><td>1.0</td></tr>
<tr><td>学习能力（10分）</td><td>探究归纳</td><td>1. 探究错误原因（3分）
2. 举一反三，具有知识迁移能力（3分）
3. 总结问题及重难点的解决办法（4分）</td><td>0</td><td>2.0</td><td>6.0</td><td>8.0</td><td>10.0</td></tr>
<tr><td>课后评价（15%）</td><td>巩固迁移能力（15分）</td><td>总结归纳</td><td>能够完成教师布置的作业（15分）</td><td>0</td><td>4.0</td><td>8.0</td><td>12.0</td><td>15.0</td></tr>
<tr><td colspan="5">总分</td><td colspan="5"></td></tr>
</table>

注：①总分＜60为不及格；60≤总分＜75为及格；75≤总分＜85为良；总分≥85为优。
②每个评分项目里，一旦出现安全问题、不出品则为0分。

巩固反馈

1. 选出正确答案：制作摩卡咖啡时，应从咖啡液面的（　　）位置开始以画同心圆的方式挤入淡奶油。

   A. 左侧　　B. 右侧　　C. 中间　　D. 随便哪里

2. 根据咖啡的发展历史，将下列选项按照正确时间发展顺序排序。

   ①埃塞俄比亚

   ②也门摩卡

   ③欧洲

   ④土耳其（奥斯曼帝国）

   ⑤波斯文献

   正确顺序：________________________________。

3. 根据所学，完成下列填空：意大利花式摩卡咖啡，是将__________的意式浓缩咖啡（Espresso），与__________的热牛奶混合，然后加入巧克力的成分。

   传统的意大利花式摩卡咖啡使用巧克力酱作为原料，而随后由于摩卡咖啡广受欢迎，更多的家庭制作的摩卡咖啡中巧克力酱被__________代替。

4. 请根据本任务内容，写出制作摩卡咖啡的出品标准。

任务 5　制作澳白咖啡（Flat White）

学习目标

知识目标	1. 知道特浓意式浓缩（Ristretto）与意式浓缩咖啡（Espresso）的区别。 2. 了解澳白咖啡的概念及历史。 3. 掌握澳白咖啡的制作标准。 4. 了解特浓意式浓缩（Ristretto）的制作标准。
能力目标	1. 能按照操作流程，准确控制萃取时间和萃取量，正确调整咖啡研磨度。 2. 能按照安全卫生操作流程，根据要求正确制作并出品澳白咖啡。 3. 能够按照正确操作步骤，对咖啡机和磨豆机进行定期清洁保养。
素养目标	通过完成本任务提升咖啡制作技能及咖啡师服务素养。

建议学时

6学时

任务描述

澳白咖啡（Flat White）也称馥芮白，是一种以意式浓缩咖啡为基底，流行于澳大利亚及新西兰的咖啡。

澳白咖啡与拿铁咖啡、卡布奇诺咖啡的区别在于其使用更少的奶泡，从而获得较高的咖啡比例，萃取出更香醇的咖啡，品尝时更能感受到意式浓缩咖啡的风味，一般以白色小圆点拉花结束制作。

本任务通过小组合作的方式完成，每组4人。通过制作澳白咖啡加强基础知识的学习和巩固。制作过程严格遵守实训室安全操作守则，正确使用工具和设备，遵守卫生标准流程，团队协作完成。

知识链接

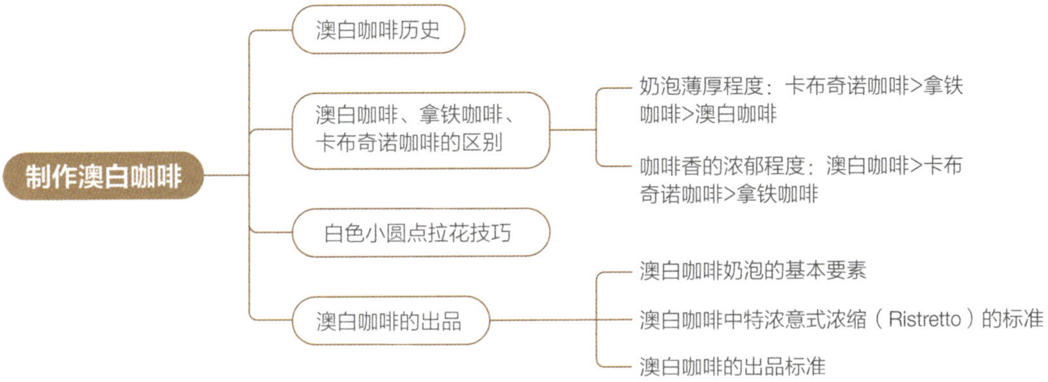

一、澳白咖啡历史

澳白咖啡（Flat white）是一种起源于澳大利亚的咖啡饮料，但后来也有人主张澳白咖啡实际发源于新西兰。

澳白咖啡是将细致微小的奶泡融合在一份意式浓缩咖啡（Espresso）或者双份特浓意式浓缩（Ristretto）里。从某种程度上讲，有点类似于传统5盎司杯（150mL）的卡布奇诺咖啡或拿铁咖啡，咖啡所占比例较高，牛奶的奶泡更轻薄细腻。

二、澳白咖啡、拿铁咖啡、卡布奇诺咖啡的区别

澳白咖啡、卡布奇诺咖啡、拿铁咖啡的最主要区别在于咖啡和牛奶的比例，见图1-19。在制作澳白咖啡的时候，通常会将双份特浓意式浓缩（Ristretto）与附有较薄奶泡的牛奶融合在一起并装入180mL咖啡杯，使得澳白咖啡的咖啡香更加浓郁。

图1-19　澳白咖啡、卡布奇诺咖啡及拿铁咖啡的区别

1. **奶泡薄厚程度：卡布奇诺咖啡>拿铁咖啡>澳白咖啡**

拿铁咖啡奶泡厚度至少要有1cm，卡布奇诺咖啡根据杯型不同，奶泡厚度不同，但按照比例则奶泡厚度远大于1cm，澳白咖啡奶泡厚度则为0.5cm左右。

厚的奶泡造就出拿铁咖啡软绵绵的细腻层次感，而相对窄的玻璃杯则使咖啡和奶泡之间有着适当的融合，喝的时候可感受到咖啡和奶泡一样绵。而澳白咖啡，虽然都是奶泡，但以澳大利亚的标准，要用阔口瓦杯，奶泡必须在5mm以下、泡面没有看到大颗泡粒，泡啡融合度要高，因此奶泡口感有别于拿铁的“绵”，是如丝的“滑”。

2. **咖啡香的浓郁程度：澳白咖啡>卡布奇诺咖啡>拿铁咖啡**

澳白咖啡是用更浓的浓缩咖啡液配合较少的奶泡与低温的牛奶制作的。澳白咖啡的浓缩咖啡液与卡布奇诺咖啡和拿铁咖啡不同，称为特浓意式浓缩（Ristretto）。特浓意式浓缩（Ristretto）有限制的意思，所以特浓意式浓缩（Ristretto）其实是限制流速的浓缩咖啡，也就是说特浓意式浓缩（Ristretto）的制作流速会比较慢。

举例来说，如果意式浓缩咖啡（Espresso）是使用18g粉，25s左右萃取36g的浓缩咖啡，那么Ristretto就是使用18g的粉，25s左右萃取18g的浓缩咖啡，所以特浓意式浓缩（Ristretto）会比意式浓缩咖啡（Espresso）浓度高（图1-20）。

图1-20　特浓意式浓缩（左）和意式浓缩咖啡（右）

三、白色小圆点拉花技巧

白色小圆点是所有咖啡拉花的基础，通过本任务为之后拉花咖啡制作打下基础：对于心形图案，白色小圆点是设计的主体；对于叶片以及其他复杂的设计图案，白色的小圆点能够打破咖啡油沫的表面张力，这样可以使设计出的图案正好位居其中。用牛奶在咖啡表面设计图案时，手臂一定要放松，但注意力要集中。咖啡拉花流程见图1-21，拉花时拉花缸与咖啡杯的相对位置见图1-22。

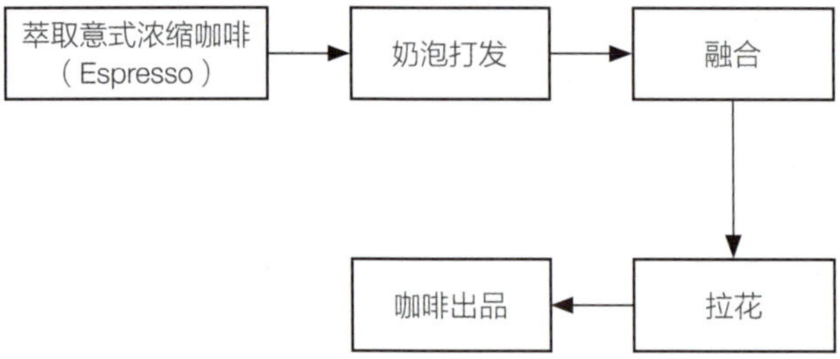

图1-21　咖啡拉花流程图

图1-22　拉花缸与咖啡杯相对位置

四、澳白咖啡的出品

1. 澳白咖啡奶泡的基本要素

（1）超级绵密的奶泡。

（2）奶泡厚度<0.5cm。

（3）稍低的牛奶温度。

2. 澳白中特浓意式浓缩（Ristretto）的标准

目前特浓意式浓缩（Ristretto）的制作主要有以下两种模式，具体操作流程可参考意式浓缩咖啡（Espresso）的制作。

第一种通过固定研磨度，对萃取时间进行调整获得特浓意式浓缩（Ristretto），即将意式浓缩咖啡（Espresso）的萃取时间从20～30s缩短至12～18s。如采用此种方法，则特浓意式浓缩（Ristretto）的出品标准为：14～20g咖啡粉在12～18s内萃取出18g咖啡液，其余与意式浓缩咖啡（Espresso）相同。

第二种萃取方式是在其他所有因素与意式浓缩咖啡（Espresso）全部一致的情况下调整咖啡研磨度获得特浓意式浓缩（Ristretto），即将意式浓缩咖啡（Espresso）的研磨度上调，通过更细的研磨度控制咖啡萃取获得特浓意式浓缩（Ristretto）。如采用此种方法，则特浓意式浓缩（Ristretto）的出品标准为：14～20g咖啡粉在20～30s内萃取出18g咖啡液，其余与意式浓缩咖啡（Espresso）相同。

第一种萃取方式相比于第二种更易造成咖啡液萃取不足，故目前主流萃取方式均采用第二种。

3. 澳白咖啡的出品标准

（1）咖啡与牛奶混合均匀无分层。

（2）＜0.5cm的奶泡。

（3）表面一层金黄色咖啡油脂，中间一个白色小圆点，如图1-23所示。

（4）出品量在160mL左右。

图1-23　澳白咖啡示例

任务实施

一、查阅资料

阅读澳白咖啡制作的相关知识并完成以下题目。

1. 选出正确答案：在澳白咖啡中，奶泡厚度为（　　）。

   A. 2cm　　B. 0.5cm　　C. 1cm　　D. 0.5cm以下

2. 请根据奶泡薄厚程度和咖啡香的浓郁程度，分别将下列咖啡进行排序。

   拿铁咖啡、卡布奇诺咖啡、澳白咖啡

   奶泡薄厚程度：________________。

   咖啡香浓郁程度：________________。

3. 如果意式浓缩咖啡（Espresso）是使用18g粉，25s左右萃取36g的浓缩咖啡，那么特浓意式浓缩（Ristretto）使用18g的粉，25s左右能够萃取多少克？

4. 判断题正误：决定澳白咖啡、卡布奇诺咖啡、拿铁咖啡不同的最主要区别在于牛奶的比例。（　　）

二、生产实施

1. 掌握制作流程

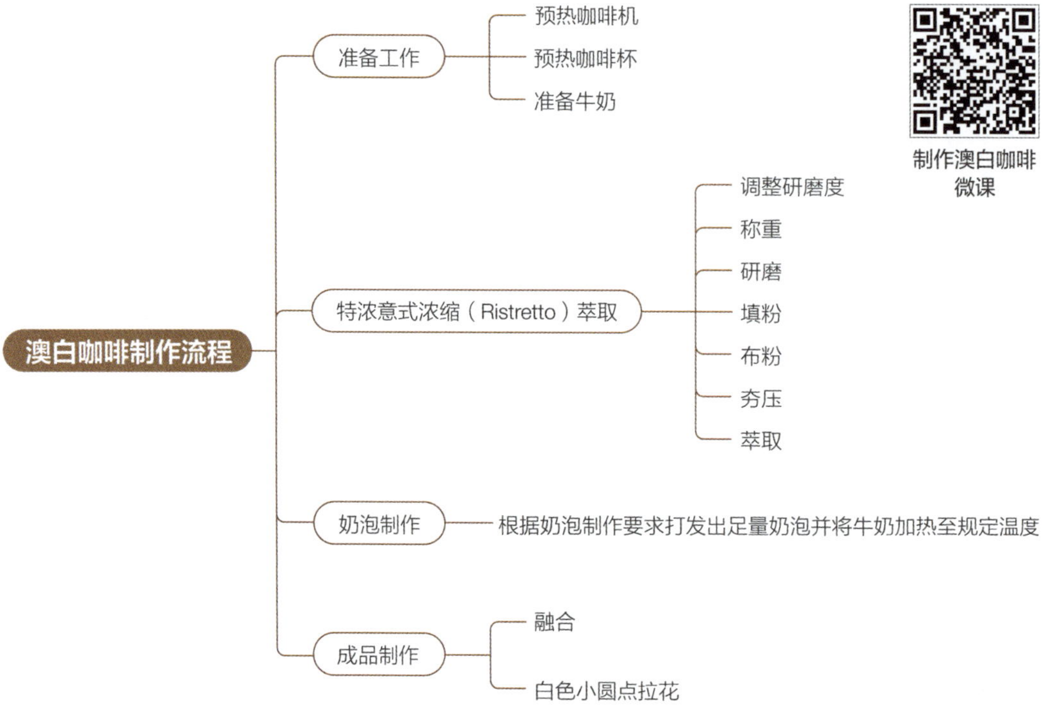

制作澳白咖啡微课

2. 澳白咖啡制作

配图	制作方法	制作说明
	（1）萃取意式浓缩咖啡：根据特浓意式浓缩（Ristretto）萃取要求萃取特浓意式浓缩（Ristretto）	
	（2）打发奶泡并加热牛奶：根据奶泡制作要求打发出足量奶泡并将牛奶加热至规定温度	牛奶加热到60～70℃，牛奶量增加25%左右，厚度0.5cm左右
	（3）融合：在拉花缸端至离咖啡杯口上方2.5～4cm的位置，将牛奶倒入咖啡，同时双手按相反方向小幅度画圆	倒出的牛奶必须缓慢而流畅，粗细略小于一根吸管的直径，牛奶应该平滑地沉到咖啡油沫的底下，而不是在表面扩散
	（4）白色小圆点拉花：将拉花缸靠近咖啡杯口倒牛奶，要保持咖啡杯与拉花缸间相对位置的绝对稳定，将牛奶流速加快	在倒入牛奶时，不需要腕部和手的任何运动，这时就可以在咖啡油脂的中心看到一个白色的泡沫状圆点，这个白色的小圆点可以一直保持其直径不变，也可以扩散至杯口直径的2/3，主要取决于牛奶的质地、咖啡杯的大小以及倒牛奶的速度

评价考核

制作澳白咖啡专业能力评价

学生姓名：＿＿＿＿＿＿＿＿　组别：＿＿＿＿＿＿＿＿　日期：＿＿＿＿＿＿＿＿

评价方式	评价环节	评价项目	评价内容	评价要素	不计分	不及格	及格	良	优
学生自评（10%）	课前评价（10%）	基础知识（10分）	自主学习	通过查找资料了解相关知识（5分）	0	1.5	3.0	4.0	5.0
				完成本任务中的题目（5分）	0	1.5	3.0	4.0	5.0

续表

评价方式	评价环节	评价项目	评价内容	评价要素	不计分	不及格	及格	良	优
组间评价（20%）	课中评价（20%）	准备工作（5分）	操作过程	正确清洁咖啡手柄；正确预热咖啡机；选用正确的餐具（5分）	0	1.5	3.0	4.0	5.0
		萃取（5分）		操作完整准确；萃取时间20～30s；萃取量在18g（5分）	0	1.5	3.0	4.0	5.0
		制作奶泡（5分）		提前释放蒸汽；温度不超过70℃；无明显大气泡，奶泡绵密；清洁蒸汽棒（5分）	0	1.5	3.0	4.0	5.0
		产品呈现（5分）		牛奶和咖啡混合均匀，无分层；奶泡厚度不超过0.5cm；表面一层金黄色咖啡油脂，中间一个白色小圆点；出品量不超过160mL（5分）	0	1.5	3.0	4.0	5.0
教师评价（70%）	课中评价（55%）	准备工作（5分）	操作过程	1. 清洁咖啡手柄（1分）	0	0.2	0.5	0.8	1.0
				2. 咖啡机正确预热（1分）	0	0.2	0.5	0.8	1.0
				3. 选用正确的餐具（2分）	0	0.4	1.0	1.6	2.0
				4. 注意操作卫生与安全（1分）	0	0.2	0.5	0.8	1.0
		萃取（15分）		1. 萃取操作完整准确（6分）	0	2.0	3.0	4.0	6.0
				2. 萃取时间20～30s（3分）	0	1.0	1.5	2.0	3.0
				3. 萃取量在18mL（3分）	0	1.0	1.5	2.0	3.0
				4. 注意操作卫生与安全（3分）	0	1.0	1.5	2.0	3.0
		制作奶泡（20分）		1. 提前释放蒸汽（2分）	0	0.5	1.0	1.5	2.0
				2. 温度在60～70℃（8分）	0	2.0	4.0	6.0	8.0
				3. 奶泡绵密，无明显大气泡（6分）	0	2.0	3.0	4.0	6.0
				4. 正确清洁蒸汽棒（2分）	0	0.5	1.0	1.5	2.0
				5. 注意卫生与安全（2分）	0	0.5	1.0	1.5	2.0
		产品呈现（5分）	产品展示	1. 奶泡厚度不超过0.5cm（1分）	0	0.2	0.5	0.8	1.0
				2. 牛奶与咖啡混合均匀，无分层（1分）	0	0.2	0.5	0.8	1.0
				3. 表面一层金黄色咖啡油脂，中间一个白色小圆点（1分）	0	0.2	0.5	0.8	1.0

续表

评价方式	评价环节	评价项目	评价内容	评价要素	不计分	不及格	及格	良	优
教师评价（70%）	课中评价（55%）	产品呈现（5分）	产品展示	4. 口感浓郁醇香，出品量不超过160mL（1分）	0	0.2	0.5	0.8	1.0
				5. 产品码放干净、清爽（1分）	0	0.2	0.5	0.8	1.0
		学习能力（10分）	探究归纳	1. 探究错误原因（3分） 2. 举一反三，具有知识迁移能力（3分） 3. 总结问题及重难点的解决办法（4分）	0	2.0	6.0	8.0	10.0
	课后评价（15%）	巩固迁移能力（15分）	总结归纳	能够完成教师布置的作业（15分）	0	4.0	8.0	12.0	15.0
总分									

注：①总分＜60为不及格；60≤总分＜75为及格；75≤总分＜85为良；总分≥85为优。
②每个评分项目里，一旦出现安全问题、不出品则为0分。

巩固反馈

1. 选出正确答案：制作澳白咖啡时，以下哪种不是其奶泡的基本要素。（　　）

   A. 超级绵密的奶泡　　　　B. 奶泡厚度<0.5cm

   C. 稍低的牛奶温度　　　　D. 奶泡厚度>0.5cm

2. 判断正误：澳白咖啡是一种以意式浓缩为基底，多流行于澳大利亚及新西兰的咖啡。（　　）

3. 根据所学，完成下列填空：目前特浓意式浓缩（Ristretto）的制作主要有两种模式。第一种通过固定研磨度，对__________进行调整获得特浓意式浓缩（Ristretto）。第二种萃取方式是在其他所有因素与意式浓缩咖啡（Espresso）全部一致的情况下调整__________获得特浓意式浓缩（Ristretto）。

4. 请根据任务内容，写出澳白咖啡的出品标准。

模块二

制作花式咖啡

任务1　制作拉花咖啡

学习目标

知识目标	1．知道拉花咖啡的历史。 2．了解拉花咖啡制作的技巧。 3．掌握拉花心形图案和树叶图案的制作方法。 4．了解拉花咖啡的制作标准。
能力目标	1．能按照操作流程，准确控制萃取时间和萃取量，正确调整咖啡研磨度。 2．能按照安全卫生操作流程，根据要求正确制作并出品本任务的拉花咖啡。 3．能够按照正确操作步骤，对咖啡机和磨豆机进行定期清洁保养。
素养目标	通过本任务中拉花咖啡的制作提升咖啡制作技能及咖啡师服务素养。

建议学时

6学时

任务描述

拉花咖啡也被称为“Latte art”，即艺术拿铁，在制作中基本遵循拿铁咖啡的制作方法。

本任务通过小组合作的方式完成，每组4人。通过制作的拉花咖啡加强基础知识的学习和巩固，制作过程严格遵守实训室安全操作守则，正确使用工具和设备，遵守卫生标准流程，团队协作完成。

知识链接

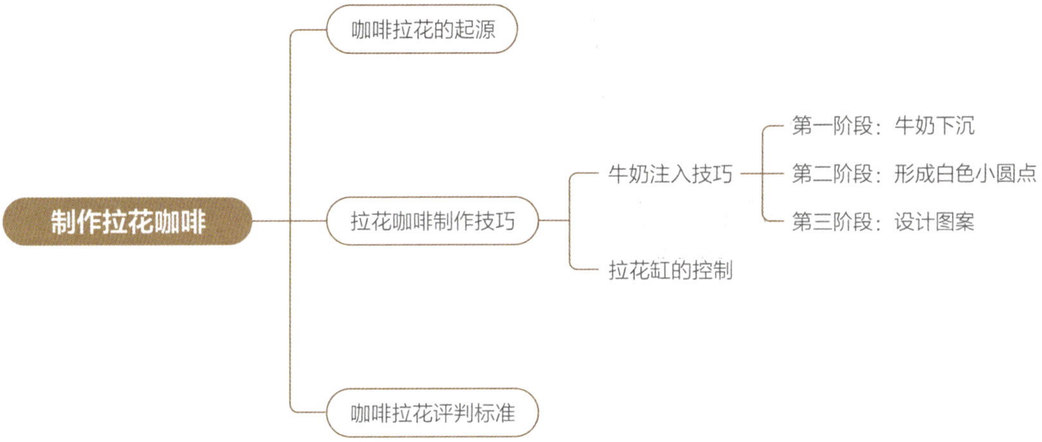

一、咖啡拉花的起源

咖啡拉花技艺是1988年由美国人大卫·休莫在西雅图自己的小咖啡馆创造发展而来。据说，一次偶然机会，大卫·休莫正在为客人打包早餐咖啡，加入牛奶时，不经意间在咖啡上面形成一个极为漂亮的图案。后来发现咖啡上的图案能给人带来赏心悦目的感觉，这让他大受启发，此后他开始研究咖啡的拉花手法，渐渐的开始有了心形、叶子形……咖啡拉花也就开始流行起来。

拉花咖啡是将打成奶泡的牛奶与咖啡浓缩液进行融合，在咖啡表面形成具有艺术设计的图案的一种拿铁咖啡。

二、拉花咖啡制作技巧

1. 牛奶注入技巧

咖啡拉花看上去是二维的，实际却是一种三维的艺术形式。制作时，咖啡师利用地心引力以及流体力学原理来控制牛奶与意式浓缩咖啡，而不仅仅是在咖啡表面的装饰方式。往咖啡杯里倒牛奶有三个特别的阶段（图2-1）：第一阶段，让牛奶和微孔泡沫（奶泡）下沉到意式浓缩咖啡的下面；第二阶段，形成一个能将咖啡油沫的表面张力分开的白色小圆点；第三阶段，就是制作出能够停留在咖啡饮品表层的图案。在牛奶加热并形成泡沫时，实际上是形成了液体牛奶的临时悬浮和奶泡。一旦蒸汽形成的涡流停止，悬浮的牛奶就会开始下沉，因为液体牛奶会比较重，容易沉到杯底，而奶泡则比较轻，会升到表层。转动拉花缸可以使牛奶悬浮的时间更长。

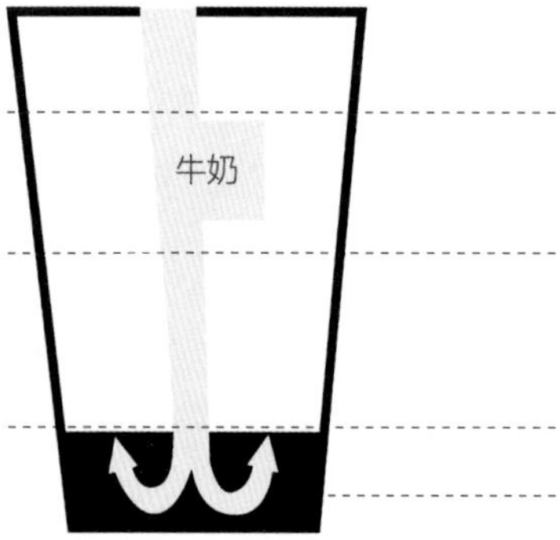

图2-1 咖啡拉花的三个阶段

（1）第一阶段：牛奶下沉 在倒牛奶的第一阶段，也就是从开始倒的那一刻直至咖啡饮品的表层达到咖啡杯大约一半的这个阶段，要尽量将牛奶和奶泡滑入意式浓缩咖啡的下面，同时使咖啡油脂沫上浮，以便为拉花设计形成一个深色的背景。意式浓缩咖啡本身是被一层具有表面张力的咖啡油脂沫所覆盖，如果倒牛奶的动作慢而平缓，牛奶就会滑入咖啡油脂沫底下，但又不破坏其张力。在这一阶段，要力求将液体牛奶和奶泡沉到咖啡油脂沫的下面。端着的拉花缸应该离咖啡液体的表面至少10cm。这样的话，牛奶就会下沉，而不是在咖啡上面漂浮。当然，牛奶冲击到杯子的底部时就会被反弹回来，从而搅动咖啡。

如果倒牛奶时的速度较慢而且平缓，其反弹也会很平缓。如果倒的速度很快，杯子里面就会产生较强的涡流。而这种涡流就会突破表层的咖啡油脂沫，并将其冲散。因此，若要使牛奶和奶泡下沉又不会破坏深色的背景，就需要利用拉花缸突出的芽状小口十分平滑且稳定地将牛奶倒出，距离保持在距咖啡表层10cm。

（2）第二阶段：形成白色小圆点 在倒牛奶的第二阶段，也就是在牛奶倒至咖啡杯一半或者三分之二位置时，需要突破咖啡油脂沫的表面张力，以便为图案设计腾出空间。具体做法就是先倒出一个白色的泡沫小圆点，该部分内容已在制作澳白咖啡（Flat white）的任务中有详细说明。

（3）第三阶段：设计图案 在倒牛奶的第三阶段，也就是从牛奶倒至咖啡杯的三分之二位置开始直至倒满，需要将拉花缸突出的小口尽可能接近咖啡杯中液体的表面，以便让奶泡浮在咖啡液体的上面。在缓慢倒入少量的牛奶的同时完成图案设计。

2. 拉花缸的控制

倒牛奶的单个动作瞬间即逝，因此很难有时间照着具体的说明去操作。倒牛奶其实是一种肌肉活动的技巧。为了能够完成品质一致的咖啡拉花，需要反复操练直至肌肉形成记忆。我们可以从基本的拉花工具——拉花缸的使用开始练习。

若要握紧拉花缸，需要将4根指尖捏住拉花缸的把手，指尖朝手掌弯曲，拇指尖放在把手的顶部，以便控制拉花缸的前后运动。拉花缸的把手应该紧紧地夹在指尖与指身中（图2-2）。可以用一个空的或者装了水的拉花缸来练习基本的倒牛奶动作，包括垂直动作、流量控制以及与咖啡杯的角度。

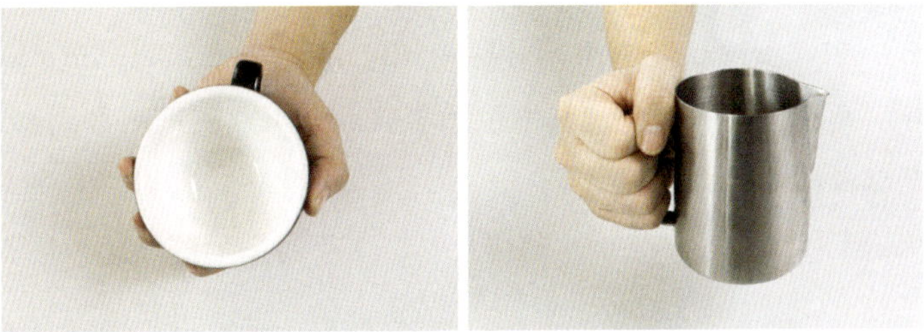

图2-2　正确的持杯和握缸姿势

三、咖啡拉花评判标准

咖啡拉花评判标准以咖啡艺术拉花协会所用标准为准。该协会有4个评级，除了拉花难度越来越高外，在对称性上也有严格要求，例如白色级别花形视觉倾斜不大于20°、绿色级别不大于15°、红色级别不大于10°、黑色级别不得大于5°。角度判定以拉花对称度校正图为标准（图2-3）。

使用拉花对称度校正图时，将制作完成的咖啡放在图片中间，杯把位置对其校正图的右边中线，花形顶部对其校正图的上方中线，最后看花形收尾部分，离校正图下方中线有多大角度的偏差（图2-4）。

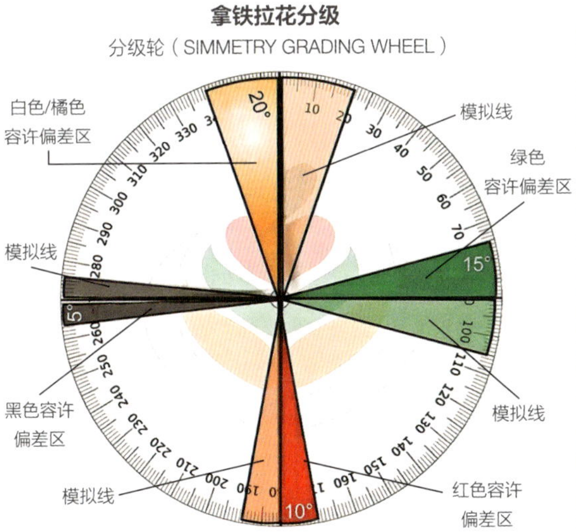

图2-3　拉花对称度校正图

图2-4　拉花图案评判示范

任务实施

一、查阅资料

阅读拉花咖啡制作的相关知识并完成以下题目。

1. 独立制作一张“心形拉花咖啡制作”的SOP（Standard operation procedure，即标准作业程序，是指将某一事件的标准操作步骤和要求以统一的格式描述出来，用来指导和规范日常的工作。）

2. 选出正确答案：往咖啡杯里倒牛奶有（　　）个特别的阶段。

   A. 1　　B. 2　　C. 3　　D. 4

3. 判断题正误：倒牛奶其实是一种肌肉活动的技巧。为了能够完成品质一致的咖啡拉花，需要反复操练直至肌肉形成记忆。（　　）

4. 根据本节课所学，完成填空：如果奶泡＿＿＿＿＿＿＿，就难以形成图案。如果奶泡＿＿＿＿＿＿＿＿，倒出图案纹路不清晰。

   制作心形拉花咖啡时，融合的终点为咖啡杯体积的＿＿＿＿＿＿；制作叶子拉花咖啡时，融合的终点为咖啡杯体积的＿＿＿＿＿＿。

二、生产实施

1. 掌握制作流程

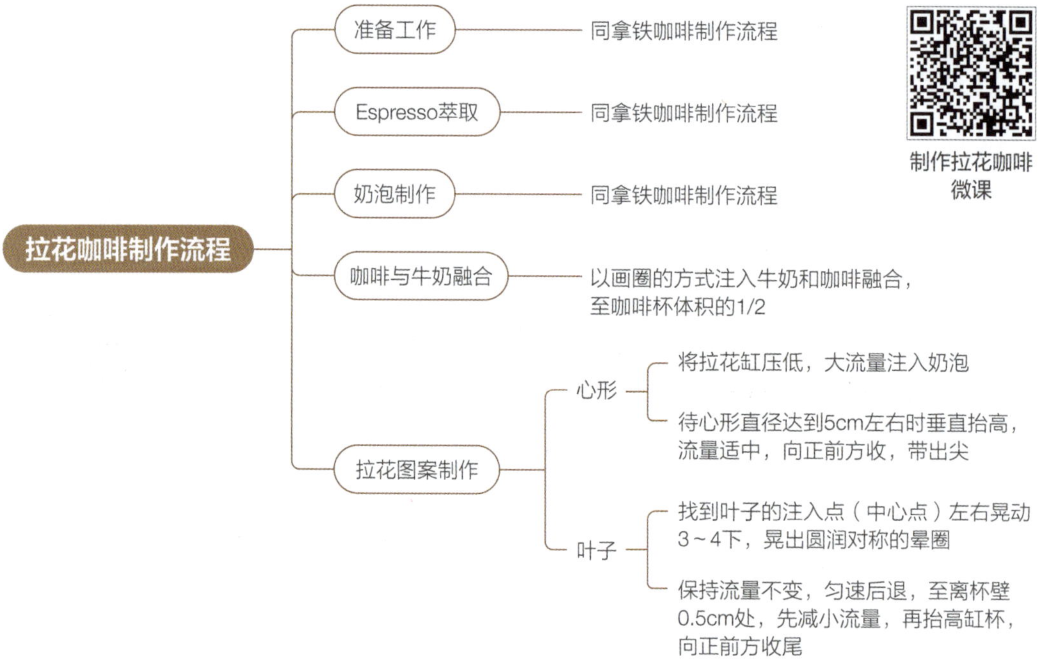

制作拉花咖啡微课

2. 心形拉花咖啡制作

配图	制作步骤	制作说明
	(1)萃取好咖啡浓缩液，打发牛奶至奶泡绵密均匀	如果奶泡太稀（空气不足），难以形成图案； 如果奶泡太稠（空气太多），倒牛奶时纹路不清晰
	(2)找到一个注入点，以画圈的方式注入牛奶和咖啡融合，至咖啡杯体积的1/2	每次倒入牛奶前轻轻晃动拉花缸，使奶泡内部均匀
	(3)融合到二分之一后抬高拉花缸停顿，找到注入点（右1/3点）	融合后准备出图时，拉花缸的尖嘴需要尽可能地靠近咖啡液体的表面，并且加大流量才能让牛奶的流动保持在咖啡表面
	(4)将拉花缸压低，以大流量注入奶泡	注意控制流速稳定，轻微晃动拉花缸
 	(5)待奶泡直径达到5cm左右时垂直抬高拉花缸，令流量适中，向正前方收，带出尖形	注入点的确定、奶泡的流量和流速、晃动的频率是关键

3. 叶子拉花咖啡制作

配图	制作步骤	制作说明
	（1）萃取好咖啡浓缩液，打发牛奶至奶泡绵密均匀	
	（2）融合：找到一个注入点，以画圈的方式注入牛奶和咖啡融合，终点是咖啡杯体积的1/3	刚开始注入时防止奶泡浮在咖啡表面，杯子向拉花缸方向倾斜，注入时从中心点靠后一些的地方注入
	（3）抬高拉花缸停顿一下，找到叶子的注入点（中心点）左右晃动3~4下，晃出圆润对称的圈	当咖啡表面出现泛白时，加大牛奶流量，同时摇动拉花缸会出现纹理，此时不要慌张，继续保持摇晃和加大的流量，慢慢向后退
  	（4）保持流量不变，匀速后退，至离杯壁0.5cm处，先减小流量，再抬高拉花缸，向正前方收尾	叶子拉花咖啡制作过程和心形最大区别在于奶泡流动的方向，并由于构图的不同，融合的终点为咖啡杯体积的1/3，为后续的构图留出足够的空间

评价考核

制作拉花咖啡专业能力评价

学生姓名：__________　组别：__________　日期：__________

评价方式	评价环节	评价项目	评价内容	评价要素	不计分	不及格	及格	良	优
学生自评（10%）	课前评价（10%）	基础知识（10分）	自主学习	通过查找资料了解相关知识（5分）	0	1.5	3.0	4.0	5.0
				完成任务中题目（5分）	0	1.5	3.0	4.0	5.0
组间评价（20%）	课中评价（20%）	准备工作（5分）	操作过程	正确清洁咖啡手柄；正确预热咖啡机；选用正确的餐具（5分）	0	1.5	3.0	4.0	5.0
		萃取（5分）		操作完整准确；萃取时间20～30s；萃取量在18g（5分）	0	1.5	3.0	4.0	5.0
		制作奶泡（5分）		提前释放蒸汽；温度不超过70℃；无明显大气泡，奶泡绵密；清洁蒸汽棒（5分）	0	1.5	3.0	4.0	5.0
		产品呈现（5分）		牛奶和咖啡混合均匀，无分层；奶泡厚度不超过0.5cm；图案倾斜度小于10°（5分）	0	1.5	3.0	4.0	5.0
教师评价（70%）	课中评价（55%）	准备工作（5分）	操作过程	1. 正确清洁咖啡手柄（1分）	0	0.2	0.5	0.8	1.0
				2. 正确预热咖啡机（1分）	0	0.2	0.5	0.8	1.0
				3. 选用正确的餐具（2分）	0	0.4	1.0	1.6	2.0
				4. 注意操作卫生与安全（1分）	0	0.2	0.5	0.8	1.0
		萃取（15分）		1. 萃取操作完整准确（6分）	0	2.0	3.0	4.0	6.0
				2. 萃取时间20～30s（3分）	0	1.0	1.5	2.0	3.0
				3. 萃取量在18mL（3分）	0	1.0	1.5	2.0	3.0
				4. 注意操作卫生与安全（3分）	0	1.0	1.5	2.0	3.0
		制作奶泡（20分）		1. 提前释放蒸汽（2分）	0	0.5	1.0	1.5	2.0
				2. 温度在60～70℃（8分）	0	2.0	4.0	6.0	8.0
				3. 奶泡绵密，无明显大气泡（6分）	0	2.0	3.0	4.0	6.0
				4. 清洁蒸汽棒（2分）	0	0.5	1.0	1.5	2.0
				5. 注意卫生与安全（2分）	0	0.5	1.0	1.5	2.0

续表

评价方式	评价环节	评价项目	评价内容	评价要素	不计分	不及格	及格	良	优
教师评价（70%）	课中评价（55%）	产品呈现（5分）	产品展示	1. 奶泡厚度不超过1cm（1分）	0	0.2	0.5	0.8	1.0
				2. 牛奶与咖啡混合均匀，无分层（1分）	0	0.2	0.5	0.8	1.0
				3. 图案倾斜度小于10°（1分）	0	0.2	0.5	0.8	1.0
				4. 口感浓郁醇香（1分）	0	0.2	0.5	0.8	1.0
				5. 产品码放干净、清爽（1分）	0	0.2	0.5	0.8	1.0
		学习能力（10分）	探究归纳	1. 探究错误原因（3分） 2. 举一反三，具有知识迁移能力（3分） 3. 总结问题及重难点的解决办法（4分）	0	2.0	6.0	8.0	10.0
	课后评价（15%）	巩固迁移能力（15分）	总结归纳	能够完成教师布置的作业（15分）	0	4.0	8.0	12.0	15.0
总分									

注：①总分＜60为不及格；60≤总分＜75为及格；75≤总分＜85为良；总分≥85为优。
②每个评分项目里，一旦出现安全问题、不出品则为0分。

巩固反馈

1. 选出正确答案：拉花咖啡在制作中基本遵循拿铁咖啡的制作方法，也被称为（　　）。

   A. 拉花拿铁　　B. 艺术拿铁　　C. 泡沫拿铁　　D. 牛奶拿铁

2. 根据所学，完成填空：咖啡豆研磨得太粗，热水流下的速度必然很__________，做出来的意式浓缩咖啡（Espresso）的酸味会较__________，苦味很__________。

3. 判断题正误：咖啡拉花评判标准以咖啡艺术拉花协会所用标准为准，该协会有4个评级，主要是针对拉花难度的评判。（　　）

4. 请根据本任务内容，总结制作拉花咖啡的注意事项。

任务2　制作雕花咖啡

学习目标

知识目标	1．了解雕花咖啡与拉花咖啡的区别。 2．掌握雕花旋涡图案和雕花心连心图案的制作方法。 3．了解雕花咖啡的制作标准。
能力目标	1．能按照操作流程，准确控制萃取时间和萃取量，正确调整咖啡研磨度。 2．能按照安全卫生操作流程，根据要求正确制作巧克力雕花咖啡。 3．能够按照正确操作步骤对咖啡机和磨豆机进行定期清洁保养。
素养目标	通过制作雕花咖啡提升咖啡制作技能及咖啡师服务素养。

建议学时

6学时

任务描述

雕花咖啡是在拿铁咖啡拉花艺术的基础上完成的更具艺术创作特色的咖啡。雕花咖啡在英语中为Etching，有着雕饰之意，与自由式的拿铁咖啡拉花艺术有一些区别。

本任务通过小组合作的方式完成，每组4人。通过制作雕花咖啡加强基础知识的学习和巩固。制作过程严格遵守实训室安全操作守则，正确使用工具和设备，遵守卫生标准流程，团队协作完成。

知识链接

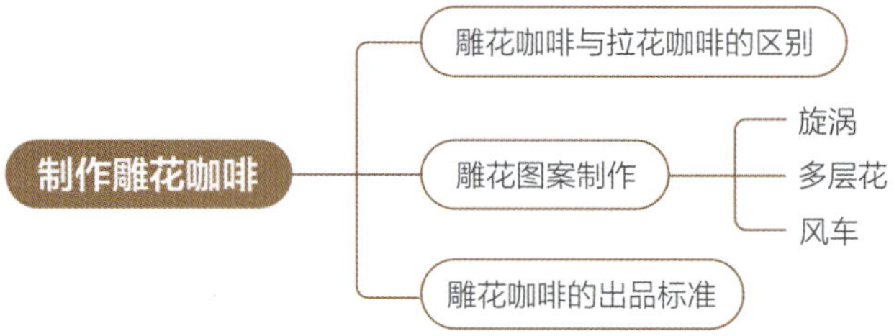

一、雕花咖啡与拉花咖啡的区别

雕花咖啡与拉花咖啡最大的区别就是，拉花技术是在往咖啡里倒牛奶时采用，而雕花技术则仅在牛奶倒完之后采用，要求咖啡师有较高的艺术设计、创意及手绘能力，同时还要借助于多种小工具、模框、可可粉、抹茶粉、焦糖酱、巧克力酱等辅助完成雕花咖啡制作，见表2-1。

表2-1　雕花咖啡与拉花咖啡的区别

种类	图案制作时间	是否借助其他工具	是否有其他辅料
拉花咖啡	注入牛奶同时完成图案制作	否	无
雕花咖啡	注入牛奶后完成图案制作	是（拉花针、撒粉器等）	有（可可粉、巧克力酱等）

二、雕花咖啡的出品标准

以巧克力酱雕花咖啡出品标准为例：在外观上，要求巧克力酱条纹清晰对称、黑白分明，图案位置规整，整体干净清爽。

任务实施

一、查阅资料

阅读雕花咖啡制作的相关知识并完成以下题目。

1. 独立制作一张“雕花咖啡制作”的SOP。

2. 选出正确答案：咖啡粉的研磨粗细度不均匀，可能是由于（　　）造成的。

   A. 研磨机刻度磨损　　B. 研磨机豆仓未清洁

   C. 研磨机磨片磨损　　D. 咖啡豆不好

3. 判断正误：拉花咖啡和雕花咖啡都是在牛奶注入后完成的图案制作。（　　）

4. 根据所学，完成填空：雕花咖啡要求咖啡师有较高的艺术设计、创意及手绘能力，同时还要借助于多种小工具、如________、________、________、________、________等辅助完成拉花咖啡制作。

二、生产实施

1. 掌握制作流程

制作雕花咖啡微课

- 雕花咖啡制作流程
  - 准备工作——同拿铁咖啡制作流程
  - Espresso萃取——同拿铁咖啡制作流程
  - 奶泡制作——同拿铁咖啡制作流程
  - 咖啡与牛奶融合——以画圈的方式注入牛奶和咖啡融合，至咖啡杯体积的1/2
  - 雕花图案制作
    - 旋涡
      - 用巧克力酱将咖啡面均分为八等份
      - 用雕花棒由中心向外面画螺旋状直至杯壁
    - 多层花
      - 用巧克力酱在杯子中心点画出三个同心圆
      - 用巧克力酱由中心向外将图案分成四份
      - 用雕花棒在已经画好的线中心以同样的方式向内画线
      - 再用雕花棒在8条线的中间，以相反的方向由外向内画线
    - 风车
      - 用巧克力酱在咖啡液表面画出三条平行线
      - 再画出三条线，与前面三条垂直
      - 用雕花棒由中心点向外画圆即可

2. 雕花咖啡制作

配图	制作方法	制作说明
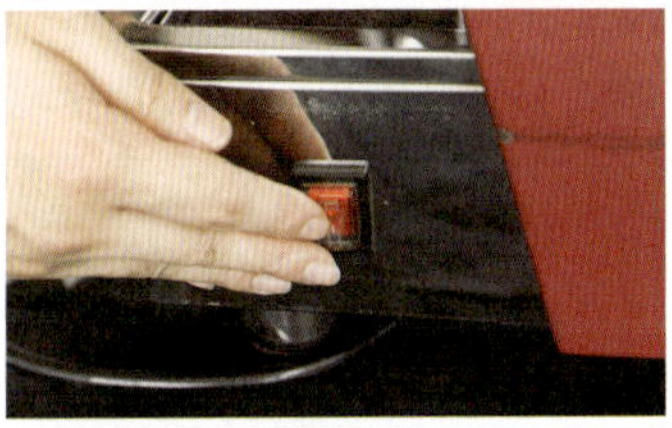	（1）准备工作 ①咖啡机预热； ②清洁咖啡手柄； ③咖啡杯预热； ④在拉花缸中倒入牛奶； ⑤调节磨豆机研磨度并洗磨	
	（2）根据标准萃取一杯意式浓缩咖啡并打发一杯绵密的奶泡，备用	

配图	制作方法	制作说明
	（3）融合：将牛奶倒入咖啡，同时双手按相反方向小幅度画圆，融合至满杯	
巧克力雕花——旋涡		
	（1）用巧克力酱将咖啡面均分为八等份	巧克力雕花咖啡是使用巧克力酱在咖啡与奶泡融合的基础上进行操作的，要求奶泡绵密均匀，富有支撑力，薄厚均匀，制作手法要求干净爽利
	（2）用雕花棒由中心向外面画螺旋状直至杯壁	
巧克力雕花咖啡——多层花		
	（1）用巧克力酱在杯子中心点画出如图所示的图案或3个同心圆	
	（2）用巧克力酱由中心向外将图案分成4份	

配图	制作方法	制作说明
	（3）用雕花棒在已经画好的线中心以同样的方式向内画线	
	（4）再用雕花棒在8条线的中间，以相反的方向由外向内画线	
	巧克力雕花咖啡——风车	
	（1）用巧克力酱在咖啡液表面画出3条平行线	线条粗细均匀，不要过粗
	（2）再画出3条线，与前面3条垂直	
	（3）用雕花棒由中心点向外画圆即可	

评价考核

制作雕花咖啡专业能力评价

学生姓名：__________ 组别：__________ 日期：__________

评价方式	评价环节	评价项目	评价内容	评价要素	不计分	不及格	及格	良	优
学生自评（10%）	课前评价（10%）	基础知识（10分）	自主学习	通过查找资料了解相关知识（5分）	0	1.5	3.0	4.0	5.0
				完成任务中的题目（5分）	0	1.5	3.0	4.0	5.0
组间评价（20%）	课中评价（20%）	准备工作（5分）	操作过程	正确清洁咖啡手柄；正确预热咖啡机；选用正确的餐具（5分）	0	1.5	3.0	4.0	5.0
		萃取（5分）		操作完整准确；萃取时间20～30s；萃取量在18g（5分）	0	1.5	3.0	4.0	5.0
		制作奶泡（5分）		提前释放蒸汽；温度不超过70℃；无明显大气泡，奶泡绵密；清洁蒸汽棒（5分）	0	1.5	3.0	4.0	5.0
		产品呈现（5分）		牛奶和咖啡混合均匀，无分层；奶泡厚度不超过0.5cm；图案倾斜度小于10°（5分）	0	1.5	3.0	4.0	5.0
教师评价（70%）	课中评价（55%）	准备工作（5分）	操作过程	1. 正确清洁咖啡手柄（1分）	0	0.2	0.5	0.8	1.0
				2. 正确预热咖啡机（1分）	0	0.2	0.5	0.8	1.0
				3. 选用正确的餐具（2分）	0	0.4	1.0	1.6	2.0
				4. 注意操作卫生与安全（1分）	0	0.2	0.5	0.8	1.0
		萃取（15分）		1. 萃取操作完整准确（6分）	0	2.0	3.0	4.0	6.0
				2. 萃取时间20～30s（3分）	0	1.0	1.5	2.0	3.0
				3. 萃取量在18mL（3分）	0	1.0	1.5	2.0	3.0
				4. 注意操作卫生与安全（3分）	0	1.0	1.5	2.0	3.0
		制作奶泡（20分）		1. 提前释放蒸汽（2分）	0	0.5	1.0	1.5	2.0
				2. 温度在60～70℃（8分）	0	2.0	4.0	6.0	8.0
				3. 奶泡绵密，无明显大气泡（6分）	0	2.0	3.0	4.0	6.0
				4. 清洁蒸汽棒（2分）	0	0.5	1.0	1.5	2.0
				5. 注意卫生与安全（2分）	0	0.5	1.0	1.5	2.0

续表

评价方式	评价环节	评价项目	评价内容	评价要素	不计分	不及格	及格	良	优
教师评价（70%）	课中评价（55%）	产品呈现（5分）	产品展示	1. 奶泡厚度不超过1cm（1分）	0	0.2	0.5	0.8	1.0
				2. 牛奶与咖啡混合均匀，无分层（1分）	0	0.2	0.5	0.8	1.0
				3. 图案倾斜度小于10°（1分）	0	0.2	0.5	0.8	1.0
				4. 口感浓郁醇香（1分）	0	0.2	0.5	0.8	1.0
				5. 产品码放干净、清爽（1分）	0	0.2	0.5	0.8	1.0
		学习能力（10分）	探究归纳	1. 探究错误原因（3分） 2. 举一反三，具有知识迁移能力（3分） 3. 总结问题及重难点的解决办法（4分）	0	2.0	6.0	8.0	10.0
		巩固迁移能力（15分）	总结归纳	能够完成教师布置的作业（15分）	0	4.0	8.0	12.0	15.0
总分									

注：①总分＜60为不及格；60≤总分＜75为及格；75≤总分＜85为良；总分≥85为优。
②每个评分项目里，一旦出现安全问题、不出品则为0分。

巩固反馈

1. 选出正确答案：下列热量较高的咖啡是（　）。

   A. 蓝山咖啡　　　　B. 冰美式咖啡

   C. 意式浓缩咖啡　　D. 卡布奇诺咖啡

2. 根据所学，完成填空：制作咖啡在布粉的时候，常使用________________法进行布粉，注意手指不可与____________接触。

3. 判断题正误：在制作咖啡雕花图案时，以画圆的方式注入牛奶和咖啡，融合至十成满，在操作过程中注意不能产生白色圆点。（　　）

4. 请根据本任务内容，总结出雕花咖啡和拉花咖啡都有哪些主要区别。

模块三

制作单品咖啡

任务1　制作手冲咖啡

学习目标

知识目标	1. 知道手冲咖啡的发展历史。 2. 了解制作手冲咖啡所需的工具。 3. 理解手冲咖啡冲泡参数（粉量、水温、研磨度、粉水比、冲泡时间）的概念。 4. 掌握手冲咖啡制作步骤。
能力目标	1. 能按照操作流程，准确控制萃取时间和萃取量，正确调整咖啡研磨度。 2. 能按照安全卫生操作流程，根据要求正确制作并出品手冲咖啡。 3. 能够按照正确操作步骤，对滤杯、滤壶和磨豆机进行定期清洁保养。
素养目标	通过手冲咖啡制作提升咖啡制作技能及咖啡师服务素养。

建议学时

6学时

任务描述

“手冲咖啡”属于滤泡式咖啡制作的范畴，制作原理看似简单，但对咖啡师的制作技艺要求很高。咖啡豆的品种、水温高低、水流大小以及萃取时间的长短都对咖啡品质有影响。

本任务通过小组合作的方式完成，每组4人。通过制作手冲咖啡，加强基础知识的学习和巩固。制作过程严格遵守实训室安全操作守则，正确使用工具和设备，遵守卫生标准流程，团队协作完成。

知识链接

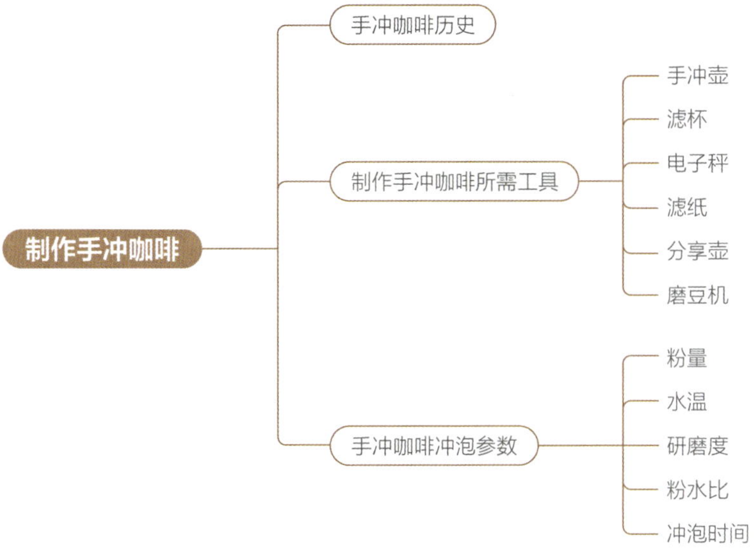

一、手冲咖啡历史

“手冲咖啡”在英文语境中，称作“Pour over”，意思是倒水，借由倒水的冲力让咖啡颗粒产生适当的翻滚而释放出风味物质。

手冲咖啡起源于一位德国家庭主妇本茨·梅丽塔，而后在日本地区发扬光大，现在许多咖啡滤杯器具是日本发明的。

当下人们对咖啡豆的产地和烘焙程度有越来越高的要求，能够满足这些苛刻要求的手冲咖啡越来越被咖啡师们所重视。

二、制作手冲咖啡所需工具

制作手冲咖啡所需工具见表3-1。

表3-1　制作手冲咖啡所需工具

工具名称	图片	主要功能
手冲壶		手冲壶提供稳定的水流，有较好的保温性能

续表

工具名称	图片	主要功能
滤杯		（1）滤杯提供冲和泡两种用法，冲是指以水流或搅拌棒等工具搅动，加强咖啡粉和水的摩擦，令咖啡粉中的物质溶于水中；泡是把咖啡粉浸在水中，浸出咖啡粉味道（2）目前手冲咖啡多以V60滤杯为主，V60滤杯的特点是螺旋式的导流槽，可以让咖啡粉充分释放CO_2气体，从而提高萃取率和风味表现
滤纸		滤纸能过滤咖啡的油脂和杂质，得到干净的咖啡液;滤纸选择有一定厚度、没有异味、锁水性好、纤维孔分布均匀的可使咖啡喝起来更醇、香气更明显
电子秤		电子秤应选择具有计时和称重功能的咖啡专用电子秤
分享壶		通过滤纸的咖啡液可收集在分享壶中，通过观察刻度可以控制萃取进程
磨豆机		磨豆机可研磨出不同研磨度的咖啡粉

三、手冲咖啡冲泡参数

1. 粉量

粉量的多少会直接影响粉层的厚度，在冲泡的过程中会有不同的表现，而且粉量的多少以滤杯的大小为基准，例如1～2人份的小号滤杯，一般推荐粉量为15g；2～4人份的大号滤杯，一般推荐粉量为30g。

2. 水温

水温度低，会导致风味不足，水温度高，会使咖啡味道容易变苦。根据咖啡豆烘焙程度不同，水温要求不同。如使用中焙-浅焙的咖啡豆水温一般为88～94℃，重焙-中深焙的咖啡豆水温一般为82～87℃。

3. 研磨度

手冲咖啡研磨度同样需根据咖啡豆烘焙程度调整。浅度和中度烘焙采用中细研磨，重度烘焙采用中研磨。

4. 粉水比

用多少克咖啡粉，就按照固定的比例注入相应的水。这对咖啡的萃取率和咖啡液的浓度有深深的影响。随着注水的增加，咖啡的萃取率会越来越高，咖啡的浓度会越来越低。

合适的粉水比，可以萃取出咖啡粉中较好的风味物质，在1：12～1：15冲出好喝的咖啡概率会较高。

5. 冲泡时间

冲泡时间分为两个部分，分别是闷蒸时间和萃取时间。

（1）闷蒸时间　闷蒸时间为咖啡粉进行预浸泡，让热水渗进咖啡的细胞壁，逼出里面的气体，使咖啡粉的风味更易被萃出。闷蒸时间根据咖啡豆烘焙程度有所不同，浅焙30～40s；中焙20～30s；中深焙10～15s；重焙不闷蒸，采用不断水手冲。

（2）萃取时间　根据粉量不同，萃取时间也有所不同。15～20g粉，需时2～2.5min；21～25g粉，需时2.5～3min；26～30g粉，需时3～3min40s。

单一精品咖啡豆（简称单品豆）制作手冲咖啡的冲泡参数见表3-2。

表3-2　用单一精品咖啡豆制作手冲咖啡的冲泡参数

冲泡指标	冲泡参数
水温	88～94℃
粉量	20g
烘焙度	中焙

续表

冲泡指标	冲泡参数
研磨度	中粗研磨
粉水比	1：12～1：15
闷蒸时间	30s
萃取时间	2.5min

任务实施

一、查阅资料

阅读手冲咖啡制作的相关知识并完成以下题目。

1. 选出正确答案："手冲咖啡"属于（　　）咖啡制作的范畴。

   A. 滤泡式　　B. 浓缩式　　C. 手艺式　　D. 冲泡式

2. 选出正确答案：手冲咖啡制作过程中的浸泡，就是把咖啡粉浸在水中，用时间浸出味道。配合不同的滤杯，可以让同一款咖啡豆，呈现不同的味觉感受。目前手冲咖啡多以（　　）滤杯为主。

   A. V40　　B. V50　　C. V60　　D. V70

3. 判断正误：咖啡豆的品种、水温高低、水流大小以及萃取时间的长短都对手冲咖啡品质有影响。（　　）

4. 完成填空：手冲咖啡研磨度同样需根据咖啡豆__________调整。浅焙-中焙采用__________，重焙-中深焙采用__________。

5. 不同的冲泡参数会对咖啡液的风味有较大的影响，请根据单品咖啡风味特征推断可能的原因，并填在下方。

冲煮参数	产品风味	
	焦苦、涩	偏酸、单调
水温		
时间		
流速		
闷蒸时间		
研磨度		
烘焙度		

二、生产实施

1. 掌握制作流程

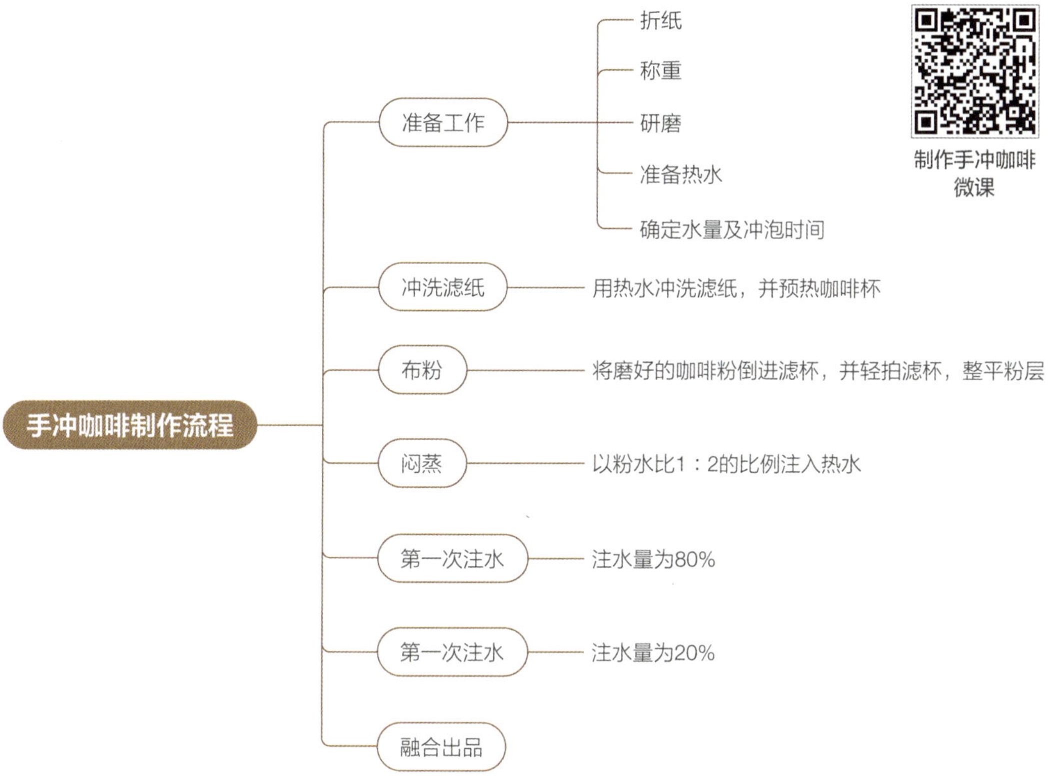

制作手冲咖啡
微课

2. 手冲咖啡制作

配图	制作过程	制作说明
 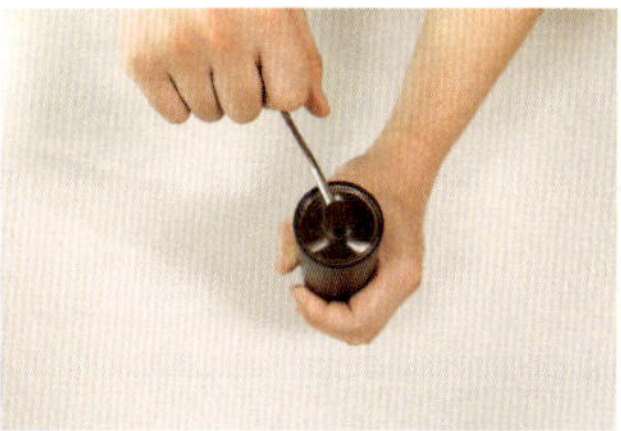	（1）准备工作 ①折纸； ②称重； ③研磨； ④准备热水； ⑤确定水量及冲泡时间	根据咖啡豆烘焙程度所需研磨度研磨咖啡豆； 根据咖啡豆烘焙程度所需水温准备热水； 根据粉水比确定水量； 根据粉量多少确定冲煮时间

配图	制作过程	制作说明
 	（2）冲洗滤纸：用热水冲洗滤纸，让热水流入分享壶并预热咖啡杯	
	（3）布粉：将磨好的咖啡粉倒进滤杯，并轻拍滤杯，整平粉层	
	（4）闷蒸：将分享壶中残留的热水倒出，以粉水比1：2的比例注入热水，需润湿整个粉层，根据咖啡豆烘焙程度调整闷蒸时间，注意闷蒸注入的水量计入总体冲泡水量之中，闷蒸时间计入总体冲泡时间	
	（5）第一次注水：在闷蒸后开始注入热水，以画同心圆的方式注入，先由内到外，再由外到内； 注意水流需保持筷子粗细，大臂与身体贴紧，手腕与小臂一体，不能上下晃动，注入热水至总体水量4/5时，停止注水，在液面下降至接近底部咖啡粉床时继续注水至所需水量； 注水量为80%	如需注入225mL的水，则第一阶段注水量为225mL×80%=180mL
	（6）第二次注水：注水量20%	第二阶段注水量为225mL×20%=45mL； 两次注水量总计为225mL

配图	制作过程	制作说明
	（7）冲泡、融合、出品	

评价考核

制作手冲咖啡专业能力评价

学生姓名：＿＿＿＿＿＿＿＿ 组别：＿＿＿＿＿＿＿＿ 日期：＿＿＿＿＿＿＿＿

评价方式	评价环节	评价项目	评价内容	评价要素	不计分	不及格	及格	良	优
学生自评（10%）	课前评价（10%）	基础知识（10分）	自主学习	通过查找资料了解相关知识（5分）	0	1.5	3.0	4.0	5.0
				完成任务中题目（5分）	0	1.5	3.0	4.0	5.0
组间评价（20%）	课中评价（20%）	准备工作（5分）	操作过程	折好滤纸放入滤杯；研磨度准确；水温准确；时间计算准确；粉水比计算准确（5分）	0	1.5	3.0	4.0	5.0
		闷蒸（5分）		冲洗滤纸；预热咖啡杯；轻拍杯壁整平粉层；闷蒸水量准确；闷蒸时间准确（5分）	0	1.5	3.0	4.0	5.0
		冲泡（5分）		注水姿势正确；注水水量正确；注水方式正确；冲泡时间正确；最后一次注水后液面接近粉床时移走滤杯（5分）	0	1.5	3.0	4.0	5.0
		产品呈现（5分）		咖啡液清澈无杂质；咖啡液萃取量正确；咖啡口感醇厚，有香味呈现；能够品尝到甜度（5分）	0	1.5	3.0	4.0	5.0
教师评价（70%）	课中评价（55%）	准备工作（5分）	操作过程	1. 折好滤纸放入滤杯（1分）	0	0.2	0.5	0.8	1.0
				2. 研磨度准确；水温准确（1分）	0	0.2	0.5	0.8	1.0
				3. 时间计算准确；粉水比计算准确（2分）	0	0.4	1.0	1.6	2.0
				4. 注意操作卫生与安全（1分）	0	0.2	0.5	0.8	1.0

续表

评价方式	评价环节	评价项目	评价内容	评价要素	不计分	不及格	及格	良	优
教师评价（70%）	课中评价（55%）	闷蒸（15分）	操作过程	1. 闷蒸水量准确（6分）	0	2.0	3.0	4.0	6.0
				2. 闷蒸时间准确（3分）	0	1.0	1.5	2.0	3.0
				3. 冲洗滤纸；预热咖啡杯；轻拍杯壁整平粉层（3分）	0	1.0	1.5	2.0	3.0
				4. 注意操作卫生与安全（3分）	0	1.0	1.5	2.0	3.0
		冲泡（20分）		1. 注水姿势正确；注水水量正确（2分）	0	0.5	1.0	1.5	2.0
				2. 注水方式正确（8分）	0	2.0	4.0	6.0	8.0
				3. 冲泡时间正确（6分）	0	2.0	3.0	4.0	6.0
				4. 最后一次注水后液面接近粉床时移走滤杯（2分）	0	0.5	1.0	1.5	2.0
				5. 注意卫生与安全（2分）	0	0.5	1.0	1.5	2.0
		产品呈现（5分）	产品展示	1. 咖啡液清澈无杂质（1分）	0	0.2	0.5	0.8	1.0
				2. 咖啡液萃取量正确（1分）	0	0.2	0.5	0.8	1.0
				3. 咖啡口感醇厚，有独特香味呈现（1分）	0	0.2	0.5	0.8	1.0
				4. 能够品尝到甜度（1分）	0	0.2	0.5	0.8	1.0
				5. 产品码放干净、清爽（1分）	0	0.2	0.5	0.8	1.0
		学习能力（10分）	探究归纳	1. 探究错误原因（3分） 2. 举一反三，具有知识迁移能力（3分） 3. 总结问题及重难点的解决办法（4分）	0	2.0	6.0	8.0	10.0
教师评价（70%）	课后评价（15%）	巩固迁移能力（15分）	总结归纳	能够完成教师布置的作业（15分）	0	4.0	8.0	12.0	15.0
总分									

注：①总分<60为不及格；60≤总分<75为及格；75≤总分<85为良；总分≥85为优。
②每个评分项目里，一旦出现安全问题、不出品则为0分。

巩固反馈

1. 选出正确答案：粉量的多少会直接影响粉层的厚度，在冲泡的过程中会有不同的表现，而且粉量的多少以（　　）的大小为基准。

   A. 分享壶　　B. 滤杯　　C. 研磨器　　D. 咖啡杯

2. 判断正误：手冲咖啡的冲泡时间分为两个部分，分别是蒸煮时间和萃取时间。（　　）

3. 根据所学，完成填空：水温温度低，会导致__________，水温温度高，会导致咖啡味道容易__________。根据咖啡豆__________不同，水温要求不同。如使用中焙-浅焙的咖啡豆水温一般为__________℃，重焙-中深焙的咖啡豆水温一般为__________。

4. 请根据本任务内容，总结手冲咖啡的制作步骤。

任务2 虹吸壶法制作单品咖啡

学习目标

知识目标	1. 知道虹吸壶法制作咖啡的发展历史。 2. 了解虹吸壶法制作咖啡的基本原理。 3. 分析虹吸壶法制作单品咖啡的冲泡参数（粉量、水温、研磨度、粉水比、冲泡时间）。
能力目标	1. 能按照操作流程，准确控制萃取时间和萃取量，正确调整咖啡研磨度。 2. 能按照安全卫生操作流程，根据要求正确使用虹吸壶法制作并出品单品咖啡。 3. 能够按照正确操作步骤，对虹吸壶和磨豆机进行定期清洁保养。
素养目标	通过完成虹吸壶法制作单品咖啡的任务提升咖啡师服务素养。

建议学时

6学时

任务描述

虹吸壶法制作咖啡，即利用气压萃取，采用虹吸式冲泡法来制作咖啡。它最大的特点就是可以享受到咖啡的原味。粉水比与手冲咖啡数值一样，且由于制作过程有较高的观赏效果所以备受瞩目。虹吸壶一般由上壶、下壶、过滤器以及酒精灯组成。

本任务通过小组合作的方式完成，每组4人。制作过程严格遵守实训室安全操作守则，正确使用工具和设备，遵守卫生标准流程，团队协作完成。

知识链接

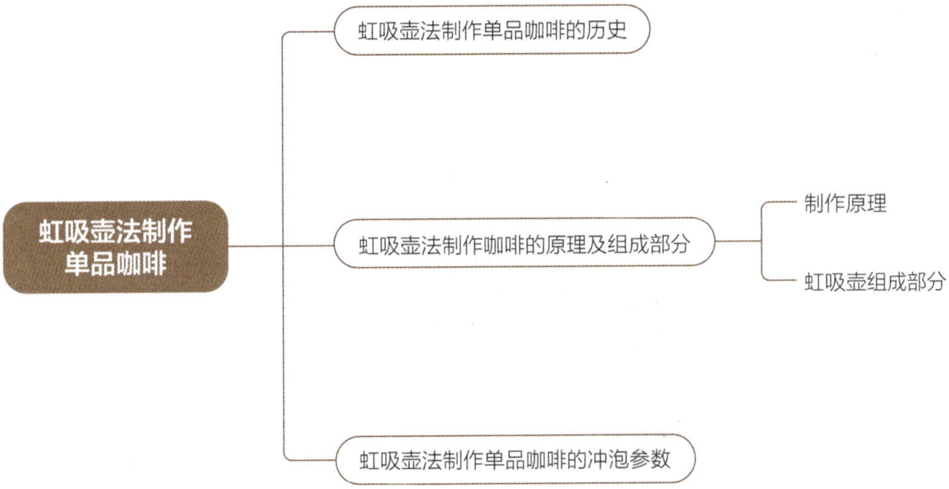

一、虹吸壶法制作单品咖啡的历史

虹吸壶也被称为塞风壶（Syphon）。虹吸壶的历史比手冲咖啡还早七十年以上。1830—1840年，德国柏林的洛夫（Loeff）最先发明玻璃材质上下双壶的虹吸式萃取法，后来经过法国、英国和德国等国家的不断改良，盛极一时。虹吸式咖啡壶的使用传入法国很长时间，但真正地被追捧是在20世纪中期的丹麦和日本，尤其是日本。日本人喜欢虹吸壶技术，严谨地推敲咖啡粉的粗细、水和时间之间的关系，从而产生一系列日式咖啡制作之道。

二、虹吸壶法制作咖啡的原理及组成部分

1. 制作原理

虹吸壶主要分为上壶和下壶两个部分。上壶为圆柱状称为萃取壶，底部有一根直通下壶的玻璃管，包有滤布的过滤器紧贴在玻璃管口，过滤咖啡渣。

下壶的水加热后，利用气压将下壶的热水从玻璃管推升到上壶，使热水与咖啡粉在上壶接触而萃取咖啡。萃取好后，移开火源，下壶又把上壶咖啡液吸下来，咖啡渣被阻挡在上壶的滤布上，完成萃取。

2. 虹吸壶组成部分

虹吸壶的组成部分及主要功能见表3-3。

表3-3　虹吸壶的组成部分及主要功能

组成部分名称	图片	主要功能
下壶		下壶盛放水，并在萃取完毕后收集咖啡
上壶		上壶配有虹吸玻璃管，底部有孔洞，咖啡粉和热水在上壶萃取咖啡液
过滤器		过滤器过滤咖啡粉渣，咖啡液通过过滤器进入下壶，其中过滤网使用前泡在清水中备用，定期清洗并更换滤布；将过滤器放在罐中放入冰箱冷藏保存

三、虹吸壶法制作单品咖啡的冲泡参数

虹吸壶法制作单品咖啡的冲泡参数与手冲咖啡冲泡参数仅在冲泡时间上有所不同（详见“制作手冲咖啡”的任务），冲泡时间为40～50s，具体时间依据咖啡豆烘焙度而定，烘焙度越高，时间越短，最长不可超过60s。以中度烘焙的曼特宁咖啡豆为例，参照表3-4中的冲泡参数。

表3-4　虹吸壶法制作单品咖啡的冲泡参数

冲泡指标	冲泡参数
研磨度	中度研磨
水温	88～94℃
粉水比	1：12～1：15
萃取时间	40～50s

任务实施

一、查阅资料并完成题目

阅读虹吸壶法制作咖啡的相关知识并完成以下题目。

1. 选出正确答案：虹吸壶法制作咖啡最大的特点是（　　）。

   A. 节省咖啡粉　　B. 对于新手操作友好

   C. 制作工艺流程简单　　D. 突出咖啡的原味

2. 选出正确答案：虹吸壶也称为（　　）。

   A. 吸滤壶　　B. 塞风壶

   C. 手冲壶　　D. 咖啡壶

3. 判断正误：1960年美国将古朴的虹吸壶法与手冲法，加以发扬光大。（　　）

4. 虹吸壶一般由上壶、________________、过滤器组成。

二、生产实施

1. 掌握制作流程

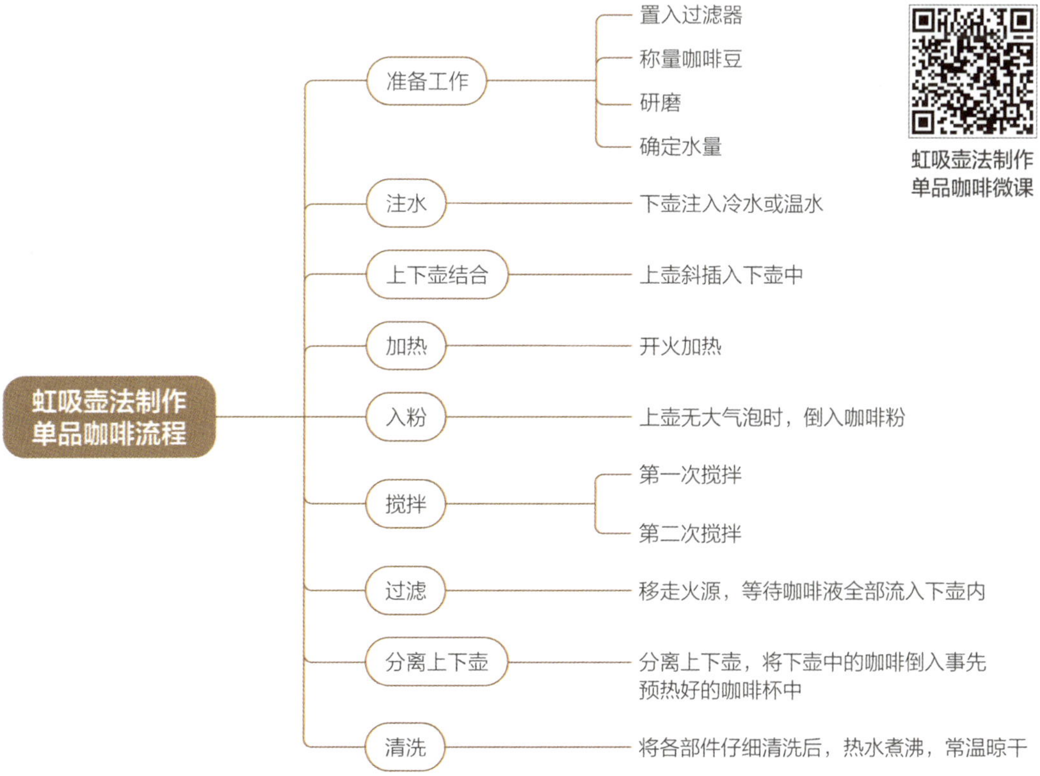

虹吸壶法制作单品咖啡微课

2. 虹吸壶法制作单品咖啡

配图	制作方法	制作说明
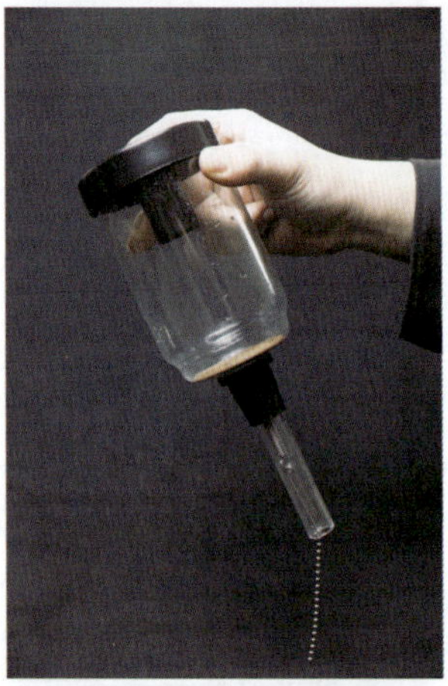	（1）准备工作 ①置入过滤器：将过滤器放入上壶铺平，从下方管口拉出过滤器垂下的弹簧珠扣环，扣紧管口； ②称量咖啡豆； ③研磨：根据咖啡豆烘焙程度所需研磨度研磨咖啡豆，确定冲泡时间； ④确定水量：根据粉水比确定水量	（1）使用前用热水浸泡滤布至少1min，去除可能产生的异味，使滤布完全舒展开，把金属链拉至上壶的玻璃下管固定； （2）如取15g咖啡豆，以粉水比“1：15”为例，将准备225mL热水；如20g咖啡豆以粉水比“1：12”为例，准备240mL热水； （3）注意用手拉住铁链尾端，轻轻勾在玻璃管末端，防止滤网会被上升的水流冲开、咖啡粉末渗入烧瓶中，导致咖啡液混浊
	（2）注水：下壶注入冷水或温水	
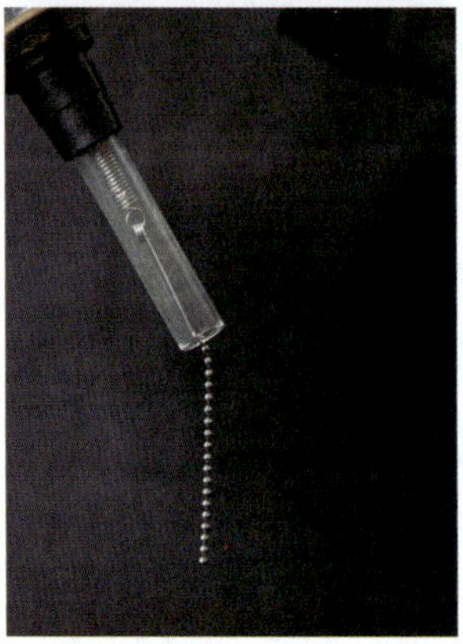	（3）将萃取壶，即上壶，斜插入下壶中，在插入之前，需再次确认铁链尾端已钩住玻璃管末端	防止滤网被上升的水流冲开、咖啡粉末渗入烧瓶中，泡出一壶混浊的咖啡

配图	制作方法	制作说明
	（4）加热：开火加热，在下壶连续冒出大泡泡的时候，把上壶扶正，左右轻摇并稍向下压，使之轻柔地塞进下壶	用酒精灯或红外线加热炉对下壶进行加热，注意小火加热，但也不可温度过低，提前回流，火力是影响咖啡风味的重要因素
	（5）入粉：等到下壶的水慢慢升到上壶，上壶无大气泡时，即可倒入咖啡粉	
	（6）搅拌 ①第一次搅拌：以搅拌棒缓慢匀速搅拌咖啡，计时40s； ②第二次搅拌：待下壶水全部进入上壶后关火继续搅拌至时间结束	从第一次搅拌开始计时，整个过程不超过60s

配图	制作方法	制作说明
	（7）过滤分离：移走火源，用湿布裹住下壶，咖啡液立即快速回流到下壶，等待咖啡液全部流入下壶内，将上下壶分离	回流过程迅速，以免萃取过度，增加苦味
	（8）完成咖啡制作：将下壶中的咖啡倒入事先预热好的咖啡杯中	交给顾客时，可搭配牛奶、糖包、咖啡匙、纸巾等
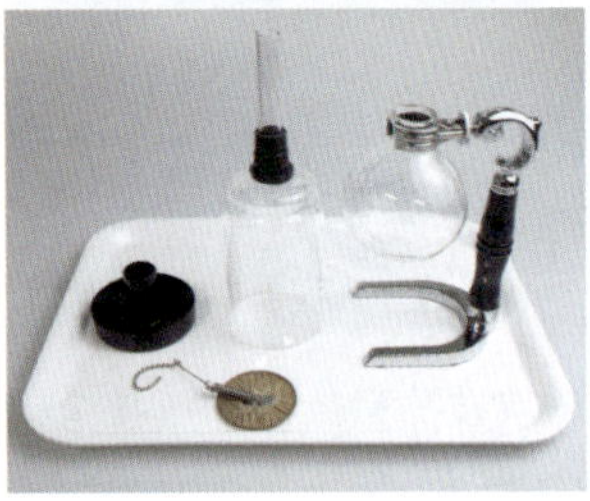	（9）清洗：将各部件仔细清洗后，以热水煮沸，常温晾干	
	（10）制作完成	

评价考核

虹吸壶法制作单品咖啡专业能力评价

学生姓名：________　组别：________　日期：________

评价方式	评价环节	评价项目	评价内容	评价要素	不计分	不及格	及格	良	优
学生自评（10%）	课前评价（10%）	基础知识（10分）	自主学习	通过查找资料了解相关知识（5分）	0	1.5	3.0	4.0	5.0
				完成任务中题目（5分）	0	1.5	3.0	4.0	5.0
组间评价（20%）	课中评价（20%）	准备工作（5分）	操作过程	过滤器放置准确；研磨度准确；粉水比计算准确；确定合适时间（5分）	0	1.5	3.0	4.0	5.0
		冲泡（5分）		注水后擦拭上下壶；下粉时机准确；计时准确；搅拌动作缓慢匀速（5分）	0	1.5	3.0	4.0	5.0
		过滤分离（5分）		正确移走火源；湿布裹住下壶；无咖啡渣进入下壶；上下壶正确分离（5分）	0	1.5	3.0	4.0	5.0
		产品呈现（5分）		咖啡液清澈无杂质；咖啡液萃取量正确；咖啡口感醇厚，有香味呈现；能够品尝到甜度（5分）	0	1.5	3.0	4.0	5.0
教师评价（70%）	课中评价（55%）	准备工作（5分）	操作过程	1. 过滤器放置准确（1分）	0	0.2	0.5	0.8	1.0
				2. 研磨度准确（1分）	0	0.2	0.5	0.8	1.0
				3. 粉水比计算准确；时间选择合适（2分）	0	0.4	1.0	1.6	2.0
				4. 注意操作卫生与安全（1分）	0	0.2	0.5	0.8	1.0
		冲泡（15分）		1. 注水后擦拭上下壶（6分）	0	2.0	3.0	4.0	6.0
				2. 下粉时机准确，计时准确（3分）	0	1.0	1.5	2.0	3.0
				3. 搅拌动作缓慢匀速（3分）	0	1.0	1.5	2.0	3.0
				4. 注意操作卫生与安全（3分）	0	1.0	1.5	2.0	3.0
		过滤分离（20分）		1. 正确移走火源（2分）	0	0.5	1.0	1.5	2.0
				2. 湿布裹住下壶（8分）	0	2.0	4.0	6.0	8.0
				3. 无咖啡渣进入下壶（6分）	0	2.0	3.0	4.0	6.0
				4. 上下壶正确分离（2分）	0	0.5	1.0	1.5	2.0
				5. 注意卫生与安全（2分）	0	0.5	1.0	1.5	2.0

续表

评价方式	评价环节	评价项目	评价内容	评价要素	不计分	不及格	及格	良	优
教师评价（70%）	课中评价（55%）	产品呈现（5分）	产品展示	1. 咖啡液清澈无杂质（1分）	0	0.2	0.5	0.8	1.0
				2. 咖啡液萃取量正确（1分）	0	0.2	0.5	0.8	1.0
				3. 咖啡口感醇厚，有独特香味呈现（1分）	0	0.2	0.5	0.8	1.0
				4. 能够品尝到甜度（1分）	0	0.2	0.5	0.8	1.0
				5. 产品码放干净、清爽（1分）	0	0.2	0.5	0.8	1.0
		学习能力（10分）	探究归纳	1. 探究错误原因（3分） 2. 举一反三，具有知识迁移能力（3分） 3. 总结问题及重难点的解决办法（4分）	0	2.0	6.0	8.0	10.0
	课后评价（15%）	巩固迁移能力（15分）	总结归纳	能够完成教师布置的作业（15分）	0	4.0	8.0	12.0	15.0
总分									

注：①总分<60为不及格；60≤总分<75为及格；75≤总分<85为良；总分≥85为优。
②每个评分项目里，一旦出现安全问题、不出品则为0分。

巩固反馈

1. 选出正确答案：虹吸壶的冲泡时间为40～50s，视咖啡豆烘焙度而定。烘焙度越高，时间越短，最长不可超过（　　）s。

   A. 50　　B. 60　　C. 70　　D. 80

2. 判断正误：手冲咖啡的历史比虹吸壶要早至少七十年以上。（　　）
3. 根据所学，完成填空：虹吸壶的下壶可称为________，圆球状并标有几杯份的水量刻度。上壶为圆柱状，可称为________，其基部有一根直通下壶的________，包有滤布或滤纸的滤器，就紧铺在上壶基部的玻璃管口，过滤________。
4. 请根据本任务内容，总结虹吸壶咖啡的制作步骤。

模块四

烘焙咖啡豆

任务1　筛选瑕疵豆

学习目标

知识目标	1．了解咖啡果实的结构。 2．了解咖啡豆的常见处理方法。 3．掌握瑕疵豆类型及咖啡豆产生瑕疵的原因。
能力目标	1．能准确识别瑕疵豆并鉴别其类型。 2．能按照安全卫生操作流程，根据不同的瑕疵原因，正确挑选瑕疵豆。
素养目标	具备咖啡师的服务素养。

建议学时

6学时

任务描述

咖啡生豆是一类农产品，会有大小、成熟度和是否被病虫侵害过的差异。一般来说，同一产区的同一品种中，个头大、成熟度好、未被病虫害侵蚀过的咖啡豆一定比个头小、未完全成熟且被病虫害危害过的咖啡豆品质更高。

本任务通过小组合作的方式完成，每组4人。通过瑕疵豆挑选加强基础知识的学习和巩固。完成过程严格遵守实训室安全操作守则，正确使用工具和设备，遵守卫生标准流程，团队协作完成。

知识链接

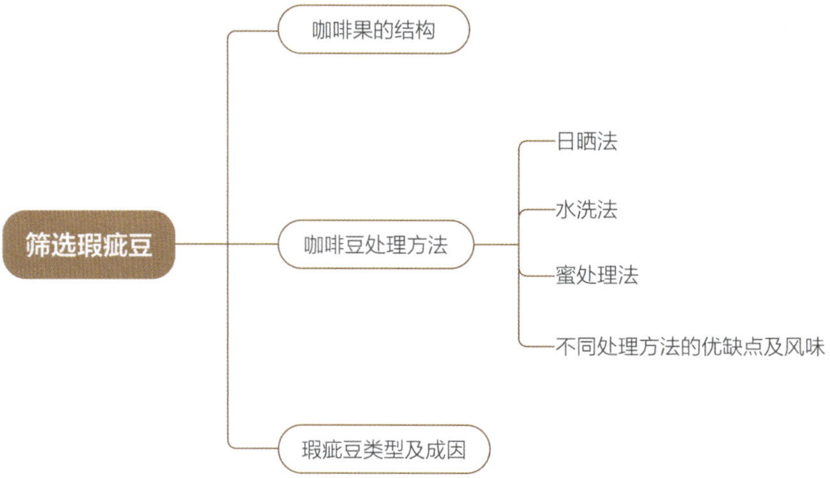

一、咖啡果的结构

咖啡树属茜草科多年生常绿灌木或小乔木，咖啡属植物至少也有四十多个“种”，其中较实用的栽培种是三原种：高原栽培、低地栽培、最低栽培。

咖啡果也称咖啡樱桃，如图4-1所示，是由外果皮、果肉、果胶层、内果皮、银皮和被上述几层包在最里面的种子等构成，种子位于果实中心部分，就是咖啡豆，而加工处理的目的就是为了去除这些外部的构造，以取得内部的咖啡种子。

咖啡树的原产地在非洲的埃塞俄比亚，现在的咖啡产地一般在南北回归线的环状地带，名为Coffee zone或Coffee belt。该区域海拔500~2000m，平均温度20℃左右，无较大温差，降雨量1000~2000mm，土壤排水性好，含火山灰质，是咖啡种植的理想地。

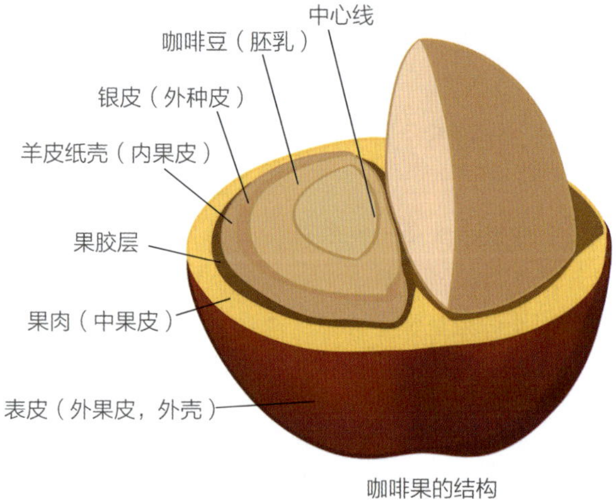

图4-1　咖啡果结构

二、咖啡豆处理方法

1. 日晒法

日晒法是最古老的咖啡豆处理方法，据文献记载，1000多年前的阿拉伯人，就开始使用日晒法处理咖啡果实，具体处理过程如下。

（1）去除浮豆　将咖啡豆倒入大水槽之中，发育不完全的劣质豆会浮上水面，成熟饱满的果实则会沉入水底，此时将水面上的浮豆捞除，即完成去除浮豆的步骤。

（2）日晒　将咖啡果实均匀地铺在曝晒场之中，且每日需翻动数次。这个过程通常持续2～3周，依当地气候而定，在咖啡豆内部的含水量降至10%～14%时，即完成日晒的步骤。

（3）去壳　在日晒结束之后，咖啡种子的外层已干硬，此时利用脱壳机去除外壳，即完成日晒法的处理步骤。

2. 水洗法

水洗法是目前最为广泛使用的咖啡豆处理方式，与日晒法最大的不同是水洗法利用发酵去除果胶层，具体处理过程如下。

（1）去除浮豆　同日晒法。

（2）去除外果皮和果肉　透过果肉筛除机，将咖啡果实的外果皮与果肉去除（会留下果胶、内果皮与银皮）。

（3）发酵　这个步骤的目的是要利用生物处理的方法，将果胶去除。将经过果肉筛除机处理的咖啡果实，放入发酵槽16～36h，发酵菌会溶解掉果胶。

（4）水洗　在完成发酵、去除果胶后，由于发酵菌与杂质会残留在咖啡豆上，所以会再清洗一次咖啡豆。为了要清洗干净，这一步骤会消耗大量的清水。

（5）干燥与去除内果皮、银皮　通常会利用机器将咖啡果实烘干（或晒干），让水分含量降到10%～14%。接着利用脱壳机去除剩余的内果皮与银皮，即完成加工处理。

3. 蜜处理法

蜜处理法是日晒法的改良方法，与日晒法最主要的差异是会在日晒前先去除外果皮与果肉，保留果胶层直接进行日晒，具体处理过程如下。

（1）去除浮豆　同日晒法。

（2）去除果皮果肉　同水洗法。

（3）日晒　将带有果胶的咖啡豆，铺在曝晒场直接进行曝晒，使含水量降到10%～14%。

（4）去除内果皮、果胶　以特殊机器，去除果胶与内果皮，即完成处理步骤。

4. 咖啡豆不同处理方法之间的优缺点及风味

咖啡豆不同处理方法之间的优缺点及风味见表4-1。

表4-1 咖啡豆不同处理方法的优缺点及风味

处理方法	优点	缺点	风味
日晒法	成本低廉、步骤简单，节约水资源	杂质较多、干燥程度不易控制、易发霉	醇度浓厚，风味浓烈，且会散发出甜味
水洗法	杂质少、品质高、外观完整、不易发霉	程序烦琐、需用到大量清水	有明亮的酸味和果香
蜜处理法	不易发霉、相较于水洗法用水量少	处理步骤最为复杂，需大量人力	酸味与甜味均衡，因为经过日晒，咖啡豆本身的香气也会被放大，醇味浓厚

三、瑕疵豆类型及成因

咖啡生豆常混入自然或人为原因所造成的杂质及不良豆，常称之为瑕疵豆。烘焙咖啡豆之前要将瑕疵豆挑选出来，以免影响咖啡产品的风味。

1. 全黑豆

（1）特征　整颗或局部生豆呈现黑色不透明。

（2）形成原因　因过度发酵或沾上灰尘而发酵变黑。

2. 全酸豆、局部酸豆（也称发酵豆）

（1）特征　豆子呈现黄棕色或红棕色就被认定为酸豆。

（2）形成原因　在水洗法处理时在发酵槽浸泡时间过长，被洗咖啡豆的水污染，或者在储存过程中，豆子被细菌污染。

3. 霉害豆

（1）特征　霉害豆表面有青色或白色的霉菌。

（2）形成原因　霉害豆通常是因环境过于潮湿，豆子被霉菌孢子感染。

4. 虫蛀豆

（1）特征　从直径0.3～1mm的小黑洞来分辨，通常都是在咖啡豆的内侧。

（2）形成原因　在咖啡农业上虫害是最严重的，虫会钻进果实内部进行繁殖。

5. 破裂豆

（1）特征　破裂豆通常因为氧化而会有个暗红色的区域。

（2）形成原因　通常在处理果肉或脱壳处理时，因使用不正确的校正机器和过度的摩擦或挤压而使得豆子发生破裂。

6. 未成熟豆

（1）特征　未成熟的豆子可从其苍白的和黄绿色的外皮或是外皮的白点来分辨。

（2）形成原因　咖啡豆没有完全生长成熟有很多原因，例如不适当地采收未成熟的果实和在较高海拔地区产季后期浆果来不及成熟等。

7. 畸形豆

（1）特征　形状异常，偏离中心的切口稍微肿大。

（2）形成原因　生长缺陷，生理因素。

8. 贝壳状

（1）特征　贝壳豆从豆子中央线处破裂，内侧像贝壳般翻出，贝壳豆会造成烘焙不均。

（2）形成原因　主要是遗传基因的变异造成的。

9. 漂浮豆

（1）特征　漂浮豆外观是特别白或是褪色，而生豆外观会有斑点。

（2）形成原因　造成这种豆的原因是不当地存放或晒干，导致豆子褪色或是密度较低。

任务实施

一、查阅资料完成题目

阅读瑕疵豆筛选的相关知识并完成以下题目。

1. 选出正确答案：咖啡豆是咖啡果实里面的（　　），用适当的方法烘焙而成。而咖啡树的果实也被称为咖啡樱桃。

   A. 果实　　B. 果仁　　C. 种子　　D. 胚芽

2. 选出正确答案：（　　）是最古老的咖啡豆处理方法，据文献记载，最早在公元11世纪的阿拉伯人，就开始使用这种方法处理咖啡果实。

   A. 水洗法　　B. 揉搓法　　C. 日晒法　　D. 蜜处理法

3. 判断正误：制作咖啡时所利用的咖啡豆，其实是咖啡果实内部的种子。在种子外层有外果皮、果肉、果胶、内果皮与银皮等构造，而加工处理的目的就是为了去除这些外部的构造，以取得内部的咖啡种子。（　　）

4. 完成填空：__________是目前最为广泛使用的咖啡豆处理方式，与日晒法最大的不同是水洗法利用__________去除果胶层。处理过程分为去除浮豆（同日晒法）、去除果皮和果肉、发酵、__________，__________与去除内果皮、银皮。

二、生产实施

1. 掌握筛选流程

瑕疵豆筛选流程

- 准备托盘 —— 将咖啡生豆摊放在托盘上
- 准备咖啡生豆 —— 用双手食指与中指将托盘上的生豆均分成五份，少量地进行手选
- 挑选瑕疵豆 —— 目光由右边向左边移动，同时需将咖啡豆拿起观看，不要放过任何一颗
- 重复挑选 —— 重复上述步骤至无瑕疵豆
- 出品 —— 准备烘焙

2. 瑕疵豆筛选

配图	筛选方法	筛选说明
	(1)准备托盘，将咖啡生豆摊放在托盘上	一种是生豆专用的托盘；一种是烘焙豆专用的
	(2)准备咖啡生豆：用双手食指与中指将托盘上的生豆均分成五等份，少量地进行手选，不易遗漏瑕疵豆，也比较容易集中注意力	
	(3)筛选瑕疵豆：目光由右边向左边移动，同时需将咖啡豆拿起观看，不放过任何一颗	
	(4)重复上述步骤至无瑕疵豆	

评价考核

筛选瑕疵豆专业能力评价

学生姓名：__________ 组别：__________ 日期：__________

<table>
<tr><th>评价方式</th><th>评价环节</th><th>评价项目</th><th>评价内容</th><th>评价要素</th><th>不计分</th><th>不及格</th><th>及格</th><th>良</th><th>优</th></tr>
<tr><td rowspan="2">学生自评（10%）</td><td rowspan="2">课前评价（10%）</td><td rowspan="2">基础知识（10分）</td><td rowspan="2">自主学习</td><td>通过查找资料了解相关知识（5分）</td><td>0</td><td>1.5</td><td>3.0</td><td>4.0</td><td>5.0</td></tr>
<tr><td>完成任务中题目（5分）</td><td>0</td><td>1.5</td><td>3.0</td><td>4.0</td><td>5.0</td></tr>
<tr><td rowspan="3">组间评价（20%）</td><td rowspan="3">课中评价（20%）</td><td>准备工作（5分）</td><td rowspan="3">操作过程</td><td>准备手选用托盘，托盘干净无异物，无污渍（5分）</td><td>0</td><td>1.5</td><td>3.0</td><td>4.0</td><td>5.0</td></tr>
<tr><td>准备咖啡生豆（5分）</td><td>将适量咖啡生豆倒入托盘，均分为5份（5分）</td><td>0</td><td>1.5</td><td>3.0</td><td>4.0</td><td>5.0</td></tr>
<tr><td>瑕疵豆挑选（10分）</td><td>挑选完毕后无瑕疵豆为10分；1～2颗为8分；3～4颗为6分；4～5颗为4分；＞6颗为0分</td><td>0</td><td>4.0</td><td>6.0</td><td>8.0</td><td>10.0</td></tr>
<tr><td rowspan="12">教师评价（70%）</td><td rowspan="12">课中评价（55%）</td><td rowspan="4">准备工作（5分）</td><td rowspan="7">操作过程</td><td>1. 准备手选用托盘（1分）</td><td>0</td><td>0.2</td><td>0.5</td><td>0.8</td><td>1.0</td></tr>
<tr><td>2. 托盘内无异物（1分）</td><td>0</td><td>0.2</td><td>0.5</td><td>0.8</td><td>1.0</td></tr>
<tr><td>3. 托盘内无污渍（2分）</td><td>0</td><td>0.4</td><td>1.0</td><td>1.6</td><td>2.0</td></tr>
<tr><td>4. 注意操作卫生与安全（1分）</td><td>0</td><td>0.2</td><td>0.5</td><td>0.8</td><td>1.0</td></tr>
<tr><td rowspan="3">准备咖啡生豆（5分）</td><td>1. 咖啡生豆倒入适量（2分）</td><td>0</td><td>0.4</td><td>1.0</td><td>1.6</td><td>2.0</td></tr>
<tr><td>2. 均分为五等份（1分）</td><td>0</td><td>0.2</td><td>0.5</td><td>0.8</td><td>1.0</td></tr>
<tr><td>3. 注意操作卫生与安全（2分）</td><td>0</td><td>0.4</td><td>1.0</td><td>1.6</td><td>2.0</td></tr>
<tr><td rowspan="5">产品呈现（35分）</td><td rowspan="5">产品展示</td><td>1. 无瑕疵豆</td><td colspan="5">35.0</td></tr>
<tr><td>2. 瑕疵豆1～2颗</td><td colspan="5">28.0</td></tr>
<tr><td>3. 瑕疵豆3～4颗</td><td colspan="5">21.0</td></tr>
<tr><td>4. 瑕疵豆5～6颗</td><td colspan="5">14.0</td></tr>
<tr><td>5. 瑕疵豆＞6颗</td><td colspan="5">0.0</td></tr>
</table>

续表

评价方式	评价环节	评价项目	评价内容	评价要素	不计分	不及格	及格	良	优
教师评价（70%）	课中评价（55%）	学习能力（10分）	探究归纳	1. 探究错误原因（3分） 2. 举一反三，具有知识迁移能力（3分） 3. 总结问题及重难点的解决办法（4分）	0	2.0	6.0	8.0	10.0
	课后评价（15%）	巩固迁移能力（15分）	总结归纳	能够完成教师布置的作业（15分）	0	4.0	8.0	12.0	15.0
总分									

注：①总分＜60为不及格；60≤总分＜75为及格；75≤总分＜85为良；总分≥85为优。
②每个评分项目里，一旦出现安全问题、不出品则为0分。

巩固反馈

1. 选出正确答案：使用水洗法处理咖啡豆的过程中，发酵这个步骤的目的是要利用生物处理的方法，将果胶去除。将经过果肉筛除机处理的咖啡果实，放入发酵槽（　　）h，发酵菌会溶解掉果胶。

   A. 5～8　　B. 10～14　　C. 16～36　　D. 23～48

2. 判断正误：蜜处理法是目前最为广泛使用的咖啡豆处理方式，与日晒法最大的不同是水洗法利用发酵去除果胶层。（　　）

3. 根据所学，完成下列填空：瑕疵豆的类型包括全黑豆、__________、局部酸豆、__________、虫蛀豆、破裂豆、未成熟豆、______________、贝壳状、漂浮豆。其中破裂豆的特征是破裂豆通常因______________会有个暗红色的区域。它的形成原因是破裂豆通常在处理果肉或是干式处理时，不正确的______________和过度的摩擦或挤压而使得豆子发生破裂情况。

4. 根据本任务内容，总结筛选瑕疵豆的步骤。

任务2　烘焙咖啡豆

学习目标

知识目标	1. 知道烘豆机的分类和结构。 2. 了解咖啡豆的烘焙度。 3. 掌握烘豆机的操作流程。 4. 了解咖啡豆烘焙曲线。
能力目标	1. 能按照烘豆机操作流程，正确操作烘豆机。 2. 能按照安全卫生操作流程，根据咖啡豆烘焙曲线烘焙咖啡豆。
素养目标	具备咖啡师所需烘豆技能及服务素养。

建议学时

6学时

任务描述

影响一杯咖啡味道的因素中，生豆占60%，烘焙占30%，萃取占10%，好的烘焙可以将生豆的风味发挥到极致而最大限度地减少缺陷味道的出现。如果说，咖啡生豆就已经奠定了咖啡的大致风味，冲煮则是将这支咖啡的风味给展现出来，那么烘焙就是在这两者之间决定咖啡风味走向的关键步骤。

本任务通过小组合作的方式完成，每组4人。通过烘焙咖啡豆加强基础知识的学习和巩固。过程严格遵守实训室安全操作守则，正确使用工具和设备，遵守卫生标准流程，团队协作完成。

知识链接

- 咖啡豆烘焙
  - 烘豆机分类
    - 直火式
    - 半直火式
    - 热风式
  - 烘豆机结构
  - 烘焙度界定标准
    - 烘焙色卡（SCAA色卡）
    - 八阶段烘焙度分级

一、烘豆机分类

1. 直火式

直火式烘焙机（图4-2）的锅炉表面有穿孔设计，洞孔有一定大小和间隔，底下的炉火会直接传达到炉仓内。直火式烘焙机对烘焙师的技术要求很高，对各个阶段的火力调节要非常小心。

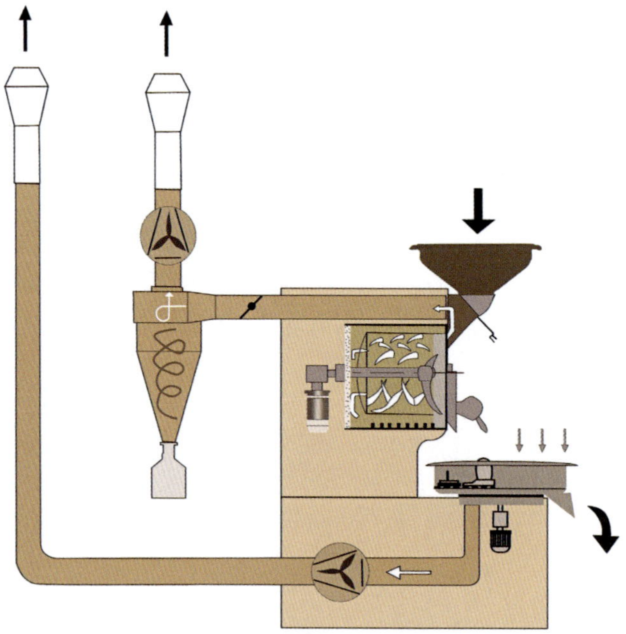

图4-2　直火式烘焙机

2. 半直火式（半热风式）

半直火式（半热风式）烘焙是目前最流行也是最好掌控的咖啡烘焙方式。可以弥补直火式烘焙机的缺点，并提高安全性，同时能轻松地表现出咖啡的香气和风味。

3. 热风式

热风式的烘豆机利用鼓风机吸入空气，再让空气通过一个加热线圈使其温度升高，利用热风作为加热源来烘焙咖啡豆，热风不但可以提供烘焙时所需要的温度，也可以利用气流的力量翻搅咖啡豆，一举两得。

不同类型烘豆机的优缺点见表4-2。

表4-2　不同类型烘豆机的优缺点

烘豆机类型	优点	缺点
直火式	预热时间短	锅炉内热度不易调整； 较不容易均匀烘焙； 容易受外部影响
半直火式（半热风式）	锅炉内部的温度容易调整；稳定供给火力，帮助生豆均匀膨胀	无明显缺点
热风式	热效率高，加热快，生豆受热比较均匀，易控制	容易导致升温过快

二、烘豆机结构

图4-3所示为常见的烘豆机机型，其部件介绍见表4-3。

图4-3　烘豆机的结构

表4-3　烘豆机各部件介绍

图例	部件介绍
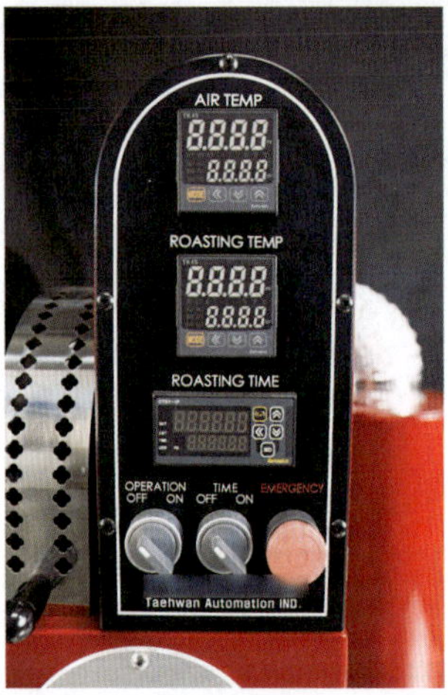	在烘豆机的仪表显示区有三个主要数据，由上至下分别为“风门的温度”“锅炉的温度”以及“烘焙时间”，可根据不同的咖啡豆调整烘焙参数，以达到最佳烘焙效果，在烘焙过程中，需记录这些数据绘制“咖啡豆的烘焙曲线”； 其下方是电力开关和计时开关，红色的按钮是“紧急制动按钮”当发生危险时，可以用力摁下，烘豆机立即停止运转
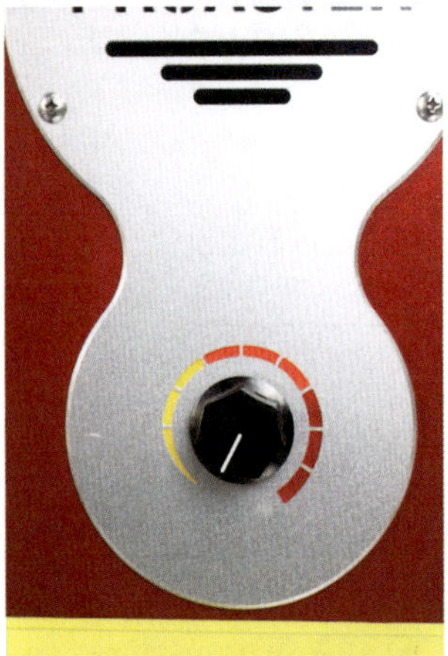	火力大小调节旋钮：颜色越深火力越大
	烘豆机加热丝开关：向上拨动打开加热丝后，再调整火力

续表

图例	部件介绍
	在烘豆机左侧最上端有一个漏斗样的装置称为“豆仓”，挑选好的生豆从豆仓进入到“烘豆仓”中进行烘焙； 在“烘豆仓”的左侧有一个可扳动的阀门，当烘豆结束后，将阀门打开，熟豆直接落进冷却盘中
	在烘豆机上方有一个“风门控制表”，上面的刻度为1～10，表示风门控制的程度
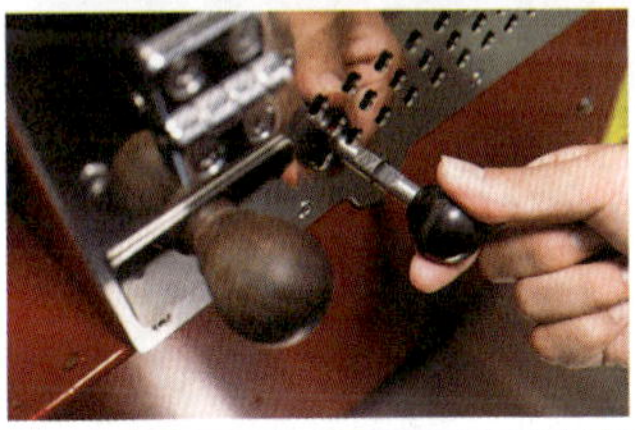	在“烘豆仓”的下方有一个抽拉杆，称为“冷风机开关”，它所表示的是仓内的气压，一般在烘豆前，把拉杆的刻度定位在“10”，表示关闭的状态；烘焙结束，烘焙好的豆子进入冷却盘后，拉杆刻度调整为0，用冷空气迅速冷却咖啡豆

三、烘焙度界定标准

全球咖啡色度行业长久以来，惯以Cinnamon（肉桂色）、City（都市）、Fully City（深都市）及Dark roast（重深焙，包括意式和法式）来描述烘焙程度。选择豆的种类、烘焙温度及烘焙方式、烘焙时间的长短都是决定咖啡豆最后风味的主要因素。

浅烘焙的咖啡豆：会有很浓的气味，很脆，很高的酸度是主要的风味和轻微的醇度。

中烘焙的咖啡豆：有很浓的醇度，同时还保存着大部分的酸度。

深烘焙的咖啡豆：表面带有一点油脂的痕迹，酸度被轻微的焦苦所代替，而产生一种辛辣的味道。

极深烘焙的咖啡豆：颜色为黑色，因油脂渗透至表面，带有一种碳灰的苦味，醇度明显降低。

1. SCAA色卡

SCAA全称“Specialty coffee association of america”，中文译名为“美国特种咖啡协会”也有少部分人称之为“美国精品咖啡协会”。

SCAA大力宣传以焦糖化数值（Agtron number）来判定烘焙度，使用焦糖化测定器测定咖啡豆的焦糖化程度。数值愈高表示焦糖化越低，也就是烘焙度越浅，数值越低表示焦糖化越深，即烘焙度越深，根据数据，就可更精确地了解咖啡豆的烘焙度。

焦糖化（Agtron）测定器能判断咖啡豆内部糖分焦糖化的程度，并将以数字的方式呈现，其显示的浅度烘焙到重度烘焙范围为25～100，但根据SCAA的技术标准化委员认定，咖啡风味的可识范围实际上为30～90。

SCAA将颜色由浅至深，制成8块标准色块，作为烘焙度的认定标准。SCAA在焦糖化类值的基础上做出了供烘焙师鉴定咖啡烘焙度用的色卡，如图4-4所示，这8种色卡代表着咖啡烘焙过程中的八种烘焙度，是烘焙师参考的一个基准。

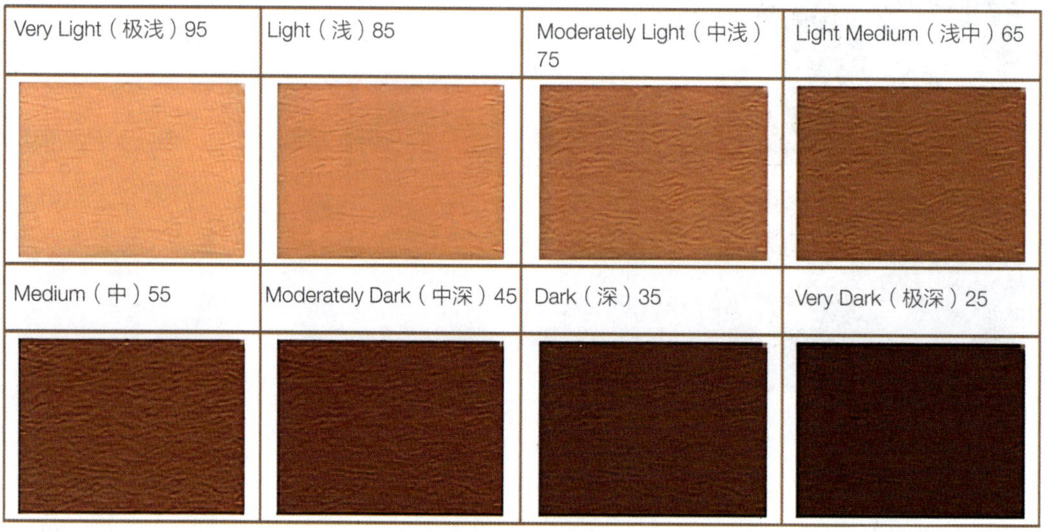

（以上颜色只供参考）

图4-4　SCAA色卡

2. 八阶段烘焙度分级

（1）极浅烘焙（Light roast）　极浅是所有烘焙阶段中最浅的烘焙度，咖啡豆的表面呈淡淡的肉桂色，其口味和香味均不足，此状态几乎不能饮用。一般用在检验上，很少用来品尝，见图4-5。

（2）浅烘焙（Cinnamon roast）　浅烘焙，又名肉桂烘焙，外观上呈现肉桂色，青草味已除，香味开始出现，酸度强，为美式咖啡常采用的一种烘焙度，见图4-6。

（3）微中烘焙（Medium roast） 微中烘焙和浅烘焙同为美式咖啡常用，除了酸味外，苦味开始出现，口感较好。香度、酸度、醇度适中，常用于混合咖啡的烘焙，见图4-7。

图4-5　极浅烘焙咖啡豆

图4-6　浅烘焙咖啡豆

图4-7　微中烘焙咖啡豆

（4）中烘焙（HIgh roast） 中烘焙，又名浓度烘焙，属于中度微深烘焙，较微中烘焙度稍强，咖啡豆表面已出现少许浓茶色，苦味也变强。咖啡味道酸中带苦，香气及风味皆佳，最常为日本与中欧地区人士所喜爱，见图4-8。

（5）中深烘焙（City roast） 中深烘焙，又名城市烘焙，是最标准的烘焙度，苦味和酸味达到平衡，常被使用在法式咖啡中，见图4-9。

（6）深烘焙（Full-City roast） 深烘焙，又名深城市烘焙，较中深烘焙度稍强，咖啡豆颜色变得相当深，苦味较酸味强，属于中南美式的烘焙法，极适用于调制各种冰咖啡，见图4-10。

（7）极深烘焙（French roast） 极深烘焙，又称法式或欧式烘焙，属于深度烘焙，咖啡豆颜色呈浓茶色带黑，酸味已感觉不出，在欧洲尤其以法国最为流行，因脂肪已渗透至表面，带有独特香味，很适合做咖啡欧蕾、维也纳咖啡，见图4-11。

（8）极深度烘焙（Italian roast） 极深度烘焙，又称意式烘焙，该烘焙度在碳化之前，有焦煳味，主要流行于拉丁国家，适合做快速咖啡及卡布奇诺咖啡。多数使用在意式浓缩（Espresso）系列咖啡上，见图4-12。

图4-8　中烘焙咖啡豆

图4-9　中深烘焙咖啡豆

图4-10　深烘焙咖啡豆

图4-11　极深烘焙咖啡豆

图4-12　极深度烘焙咖啡豆

任务实施

一、查阅资料完成题目

阅读咖啡豆烘焙的相关知识并完成以下题目。

1. 选出正确答案：如果说，咖啡生豆就已经奠定了咖啡的大致风味，冲煮则是将这支咖啡的风味给展现出来，那么（　　）就是在这两者之间决定咖啡风味走向的关键步骤。

   A. 萃取　　B. 烘焙　　C. 提纯　　D. 过滤

2. 选出正确答案：在影响一杯咖啡味道的因素中，生豆占60%，烘焙占（　　），萃取占（　　），好的烘焙可以将生豆的个性发挥到极致而最大限度地减少缺陷味道的出现。

   A. 30%；10%　　B. 20%；20%　　C. 10%；30%　　D. 25%；15%

3. 判断正误：热风式是目前最流行也是最好掌控的咖啡烘焙方式。它可以弥补直火式烘焙机的缺点，并提高安全性，还能轻松表现出咖啡的香气和风味。（　　）

4. 完成填空：直火式烘焙机的锅炉表面有__________设计，洞孔有一定大小和间隔，底下的炉火会____________到炉仓内。直火式烘焙机对烘焙师的技术要求很__________，对各个阶段的____________要非常小心。

二、生产实施

1. 掌握工艺流程

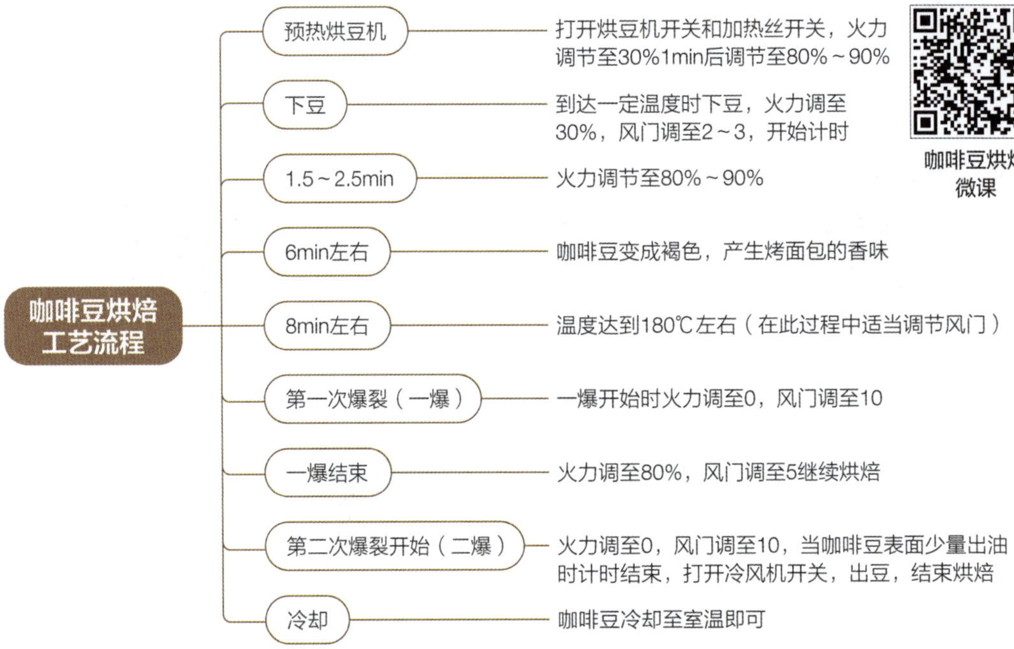

咖啡豆烘焙微课

2. 咖啡豆烘焙

配图	烘焙方法	烘焙说明
	（1）预热烘豆机：打开烘豆机开关和加热丝开关，火力调节至30%～40%1min后调节至80%～90%	
	（2）温度到达180℃时下豆500g（或210℃时下豆1000g），火力调至30%，风门调至2～3，打开计时器开始计时（本次烘焙使用云南AA级咖啡豆）	脱水期： 豆子在炉内开始吸热，炉温下滑至100℃左右（入豆2～3min左右），炉温即止跌回温，这就是回温点，此时，抽出取样勺闻豆味，仍有股浓浓青草香，继续以中小或中火脱水
	（3）1.5～2.5min火力调节至80%～90%，4min30s左右咖啡豆开始变黄	豆色变黄，炉温至120～130℃，抽出取样勺闻豆，青草味消失转为烤面包味或烤谷物香味，脱水完成
	（4）6min左右咖啡豆变成褐色，产生烤面包的香味	催火期： 脱水期后，豆体稍微变软，火力调至80%、适当开风门，以便顺利排气，减少碳粒子的堆积，注意控温
	（5）8min左右开始产生咖啡味，温度达到180℃左右（在此过程中适当调节风门）	进入这一时期，每分钟的炉温会稳定上升，约维持每分钟升温10℃左右，烘焙的第9～10min，炉温升至180℃上下，准备进入一爆期

配图	烘焙方法	烘焙说明
	（6）当温度达到180～190℃左右咖啡豆产生第一次爆裂（简称一爆），一爆开始时火力调至0，风门调至10	一爆期： 适度降火，切忌失温，一爆开始，豆体由先前的吸热转为放热，炉温迅速上升，烟量大增，风门全开，借用爆裂增温的热力来推动烘焙进程； 一爆有3个阶段，即零星爆裂声的初爆，接着剧烈密集爆裂声的密爆，最后爆声稀落的尾爆
	（7）一爆结束时，火力调至80%，风门调至5继续烘焙	尚未进入二爆即出炉，就属于浅烘焙、微中烘焙或中烘焙，咖啡喝来果酸明亮，透明度佳
	（8）二爆刚开始时，火力调至0，风门调至10，当咖啡豆表面少量出油时计时结束，打开冷风机开关，出豆，结束烘焙	二爆期： 一爆结束后，豆子又从放热恢复到吸热，2～3min，炉温升至210℃±10℃，会出现第二次爆裂； 二爆期的豆体细胞壁的纤维素断裂，释放出挥发性芳香物，细胞内油质亦随爆裂声迸出，使豆表逐渐泛出油光； 二爆也分成初爆、密爆和尾爆3个阶段，在密爆期豆表呈现点状出油，是浓缩咖啡豆出炉的“豆相”，密爆结束后就进入深焙阶段，尾爆结束后进入重度深焙
	（9）咖啡豆冷却至室温即可	冷却期： 咖啡豆出炉后，关闭加热开关，切记要保持风门与炉门全开状态，烘焙滚筒继续运转，排气马达打开，让烘豆机持续散热，炉温降到70℃以下再关机，以免发生火灾
	将烘焙好的咖啡豆放凉后，装入封闭的专用气阀袋中	

配图	烘焙方法	烘焙说明
	用热塑封膜机封口，放置于阴凉处储存，一周后饮用风味最佳	

评价考核

烘焙咖啡豆专业能力评价

学生姓名：__________ 组别：__________ 日期：__________

评价方式	评价环节	评价项目	评价内容	评价要素	不计分	不及格	及格	良	优
学生自评（10%）	课前评价（10%）	基础知识（10分）	自主学习	通过查找资料了解相关知识（5分）	0	1.5	3.0	4.0	5.0
				完成任务中题目（5分）	0	1.5	3.0	4.0	5.0
组间评价（20%）	课中评价（20%）	准备工作（5分）	操作过程	烘豆机预热温度正确；风门关闭（5分）	0	1.5	3.0	4.0	5.0
		咖啡豆烘焙（5分）		风门开关正确；温度控制正确；一爆时间点正确；二爆时间点正确（5分）	0	1.5	3.0	4.0	5.0
		关机清理（10分）		咖啡豆冷却操作正确；关闭加热；冷却温度正确；关闭电源并清理（10分）	0	4.0	6.0	8.0	10.0
教师评价（70%）	课中评价（55%）	准备工作（5分）	操作过程	1. 烘豆机预热（1分）	0	0.2	0.5	0.8	1.0
				2. 风门关闭（1分）	0	0.2	0.5	0.8	1.0
				3. 烘豆机开机操作正确（2分）	0	0.4	1.0	1.6	2.0
				4. 注意操作卫生与安全（1分）	0	0.2	0.5	0.8	1.0
		准备咖啡生豆（5分）		1. 温度控制正确（2分）	0	0.4	1.0	1.6	2.0
				2. 风门控制正确（1分）	0	0.2	0.5	0.8	1.0
				3. 注意操作卫生与安全（2分）	0	0.4	1.0	1.6	2.0

续表

评价方式	评价环节	评价项目	评价内容	评价要素	不计分	不及格	及格	良	优
教师评价（70%）	课中评价（55%）	产品呈现（35分）	产品展示	1. 无烘焙过度，烘焙度达标	35.0				
				2. 烘焙过度	28.0				
				3. 烘焙度未达标	21.0				
				4. 烘焙程度过低	14.0				
				5. 烘焙过度至完全碳化	0.0				
		学习能力（10分）	探究归纳	1. 探究错误原因（3分） 2. 举一反三，具有知识迁移能力（3分） 3. 总结问题及重难点的解决办法（4分）	0	2.0	6.0	8.0	10.0
	课后评价（15%）	巩固迁移能力（15分）	总结归纳	能够完成教师布置的作业（15分）	0	4.0	8.0	12.0	15.0
总分									

注：①总分＜60为不及格；60≤总分＜75为及格；75≤总分＜85为良；总分≥85为优。
②每个评分项目里，一旦出现安全问题、不出品皆为0分。

巩固反馈

1. 选出正确答案：（　　）大力宣传以焦糖化数值来判定烘焙度，使用焦糖化测定器测定咖啡豆的焦糖化程度。数值越高表示焦糖化越低，也就是烘焙度越浅，数值越低表示焦糖化越深，即烘焙度越深，有了数据，就可更精确地了解咖啡豆的烘焙度。

   A. SACC　　B. SACA　　C. SCAA　　D. SCAC

2. 判断正误：中度烘焙和浅烘焙同属美式咖啡常用，只有酸味，口感不错。香度、醇度适中，常用于冰咖啡的烘焙。（　　）

3. 根据所学，完成填空：传统的欧美与日式烘豆流派将烘焙阶段分为五大阶段：________；催火期；一爆期；________；冷却期。豆子出炉不再烘焙了，要关掉________后，切记要维持风门与炉门________，烘焙滚筒继续运转下去，排气马达不要关，让烘焙机持续散热，炉温降到________以下再关机，以免发生火灾。

4. 根据本任务内容，总结不同种类烘豆机的优缺点。

参考文献

[1] 詹姆斯·霍夫曼．世界咖啡地图［M］．北京：中信出版社，2020.

[2] 韩怀宗．精品咖啡学［M］．北京：中国戏剧出版社，2017.

[3] 格洛丽亚·蒙特内格罗，克里斯蒂娜·希鲁兹．咖啡简史［M］．苏州：古吴轩出版社，2020.

[4] 张树坤．咖啡鉴赏与制作［M］．北京：中国轻工业出版社，2022.

[5] 韩怀宗．世界咖啡学［M］．北京：中信出版社，2016.

[6] 中华人民共和国人力资源和社会保障部教材办公室．花式咖啡制作［M］．北京：中国劳动社会保障出版社，2021.

[7] 王森．咖啡鸡尾酒大全［M］．青岛：青岛出版社，2015.

附 录

流程结束整理清单

序号	工序	确认	序号	工序	确认
1	咖啡机关闭并清理		9	椅子码放	
2	磨豆机关闭并清理		10	多媒体关机及白板清理	
3	手柄清洗		11	场地清理	
4	咖啡杯清洗		12	水池清理及水龙头关闭	
5	产品清点包装上缴		13	清扫工具码放	
6	剩余原料清点上缴		14	各级电源检查	
7	借用工具清理上缴		15	关灯	
8	台面清理		16	场地归还	

注：按照要求完成清单内容。

①将多余原料归还原料库管清点签字。

②将借用工具归还工具库，由工具库管确认后签字。

③将产品送交产品库管签字。

④按照7S标准完成场地清理，并进行垃圾分类。